平面设计与制作

突破平面

齐琦 / 编著

Premiere Pro CC 2015

影视编辑与制作

清华大学出版社

北京

内 容 简 介

本书是一本详细介绍Premiere软件操作的图书。全书以实际应用方向作为章节分类依据，完全针对初学者，以循序渐进、技术全面、效果精美、大气实用的方式编写。通过学习本书可以快速帮助初学者掌握软件技术、熟悉行业应用。

本书从Premiere的基本操作与剪辑技巧入手，使读者在学习Premiere之前，学会基础的知识，并结合42个经典实例（34个实例+8个拓展练习）进行练习，几乎涵盖了全部的应用方向。

本书共有10章，第1章为"基础"章节，包括Premiere界面及基本操作方法；第2～8章为"应用"章节，根据行业应用划分，包括MV剪辑设计、儿童电子相册设计、电影特效镜头设计、电视广告设计、音乐宣传片设计、婚纱电子相册设计、创意短片设计；第9～10章为"综合"章节，包括Premiere与其他软件的结合使用、综合实例。

本书案例采用Adobe Premiere Pro CC 2015版本制作和编写，读者使用Adobe Premiere Pro CC 2015或以上版本，即可打开本书配套文件。

本书适合从事影视制作、栏目包装、电视广告、后期编辑与合成的初、中级从业人员作为自学读物，也适合相关院校影视后期制作、电视创作和视频合成专业作为配套教材。

图书在版编目（CIP）数据

突破平面Premiere Pro CC 2015影视编辑与制作 /齐琦编著. -- 北京：清华大学出版社，2018
（平面设计与制作）
ISBN 978-7-302-46080-0

Ⅰ．①突… Ⅱ．①齐… Ⅲ．①视频编辑软件 Ⅳ．①TN94

中国版本图书馆CIP数据核字(2017)第004872号

责任编辑：陈绿春
封面设计：潘国文
责任校对：胡伟民
责任印制：刘海龙

出版发行：清华大学出版社
　　　　　网址：http://www.tup.com.cn，http://www.wqbook.com
　　　　　地址：北京清华大学学研大厦A座　　　邮　编：100084
　　　　　社总机：010-62770175　　　　　　　邮　购：010-62786544
　　　　　投稿与读者服务：010-62776969, c-service@tup.tsinghua.edu.cn
　　　　　质量反馈：010-62772015, zhiliang@tup.tsinghua.edu.cn
印　装　者：北京亿浓世纪彩色印刷有限公司
经　　　销：全国新华书店
开　　　本：188mm×260mm　　　印　张：14　　　字　数：415千字
版　　　次：2018年1月第1版　　　印　次：2018年1月第1次印刷
印　　　数：1～3000
定　　　价：69.00元

产品编号：068165-01

前言
PREFACE

　　Premiere 是由 Adobe 公司推出的一款用于视频剪辑与视频特效制作的软件。Premiere 中的采集、剪辑、调色、美化音频、字幕添加、输出等功能较为强大，广泛应用于广告制作、电视节目制作、电影剪辑、特效制作等行业。本书采用 Premiere Pro CC 2015 版本制作和编写，请读者选择对应的软件进行学习。

　　我们编写了本书，希望能对读者学习 Premiere 带来帮助。本书的章节安排合理、模式新颖、案例精彩，可以帮助新手以更快的速度学习。本书共 10 章，具体内容安排介绍如下。

　　第 1 章：开启神奇的创意之门：初识 Premiere Pro CC 2015。

　　第 2 章：MV 剪辑设计：Premiere 操作基础与剪辑技巧。

　　第 3 章：儿童电子相册设计：视频转场。

　　第 4 章：电影特效镜头设计：视频特效。

　　第 5 章：电视广告设计：字幕效果的应用。

　　第 6 章：音乐宣传片设计：音频特效。

　　第 7 章：婚纱电子相册设计：调色特效。

　　第 8 章：创意短片设计：关键帧动画。

　　第 9 章：协同创作：Premiere 与其他软件的结合使用。

　　第 10 章：综合设计：综合实例。以 4 个大型完整案例，详细剖析了制作流程。

　　本书技术实用、讲解清晰、案例精美，不仅可以作为影视制作、广告设计、动画设计等行业的初、中级读者学习使用，也可以作为大中专院校相关专业及 Premiere 设计培训基地的教材。

　　本书素材文件下载地址：https://pan.baidu.com/s/1qXEqY4G 密码：5dhu。

　　扫描右侧二维码，同样可以下载本书的素材文件。

　　本书由齐琦编写，参与编写的还包括李路、孙雅娜、王铁成、杨力、杨宗香、崔英迪、丁仁雯、董辅川、高歌、韩雷、李进、马啸、马扬、孙丹、孙芳、王萍、杨建超、于燕香、张建霞、张玉华等。

　　由于时间仓促，加之水平有限，书中难免存在错误和不妥之处，敬请广大读者批评和指正。

作者

2018 年 1 月

目录
PREFACE

第 4 章 电影特效镜头设计：视频特效

第 5 章　电视广告设计：字幕效果的应用

第 6 章　音乐宣传片设计：音频特效

第 7 章　婚纱电子相册设计：调色特效

第8章 创意短片设计:关键帧动画

第9章 协同创作:Premiere 与其他软件的结合使用

第10章 综合设计:综合实例

第1章

开启神奇的创意之门：初识 Premiere Pro CC 2015

本章学习要点：
- Premiere Pro CC 2015 的界面和菜单栏
- Premiere Pro CC 2015 的窗口和设置面板
- Premiere Pro CC 2015 的新增功能

1.1 Premiere Pro CC 2015 的界面

如图 1-1 所示为 Adobe Premiere Pro CC 2015 的启动界面，如图 1-2 所示为 Adobe Premiere Pro CC 2015 的工作界面。

图 1-1

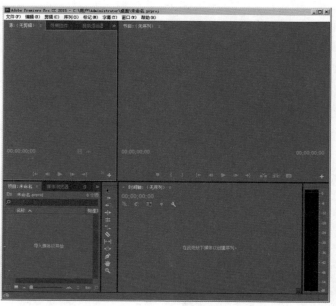

图 1-2

1.2 Premiere Pro CC 2015 的菜单栏

Adobe Premiere Pro CC 2015 有 8 个主菜单，分别是：【文件】、【编辑】、【剪辑】、【序列】、【标记】、【字幕】、【窗口】和【帮助】菜单，如图 1-3 所示。

文件(F) 编辑(E) 剪辑(C) 序列(S) 标记(M) 字幕(T) 窗口(W) 帮助(H)

图 1-3

- 【文件】：包含打开、新建项目、存储、素材采集和渲染输出等操作命令。
- 【编辑】：包含对素材进行复制、清除、查找、编辑原始素材等操作命令。
- 【剪辑】：包含对素材进行替换、修改、链接和编组等操作命令。
- 【序列】：对时间线上的影片进行操作，例如渲染工作区、提升、分离等。
- 【标记】：对素材和时间做标记。
- 【字幕】：对字幕进行处理，例如新建字幕、排版、颜色、排列方式等文字效果。
- 【窗口】：设置各个窗口和面板的显示或隐藏状态。
- 【帮助】：提供相关帮助和快捷键查阅等功能命令。

1.3 Premiere Pro CC 2015 的窗口

Premiere Pro CC 2015 的工作窗口主要分为 6 个区域：【项目】窗口、【监视器】窗口、【时间轴】窗口、【字幕】窗口、【效果】窗口和【音频合成器】窗口。

1.3.1 【项目】窗口

在菜单栏中执行【文件】|【新建】|【项目】命令，如图 1-4 所示。

图 1-4

此时的【项目】窗口，如图 1-5 所示。双击【项目】窗口的空白处即可导入素材，如图 1-6 所示。

图 1-5

图 1-6

在【项目】窗口的下方可以看到很多按钮，如图 1-7 所示。

图 1-7

- 　（从当前视图切换到列表视图）：单击该按钮可以将【项目】窗口中的素材显示为列表方式，如图 1-8 所示。

图 1-8

- 　（从当前视图切换到图标视图）：单击该按钮可以将【项目】窗口中的素材显示为图标方式，如图 1-9 所示。
- 　（缩小）：单击该按钮可以将【项目】窗口中素材的显示尺寸缩小，如图 1-10 所示。

图 1-9

图 1-10

- ▲（放大）：单击该按钮可以将【项目】窗口中素材的显示尺寸变大，如图 1-11 所示。

图 1-11

- ◆（排序图标）：文件存放区中的素材按图标的方式显示。
- ▥▥（自动匹配序列）：素材将自动放置到【时间轴】窗口。
- 🔍（查找）：单击此图标，按照某种条件查找所需素材。
- 📁新建素材箱：单击该按钮，可新建一个文件夹，方便对素材进行分类，如图 1-12 所示。

图 1-12

- 📑新建项：新建项目，包括序列、黑场视频、字幕、片头通用倒计时等，如图 1-13 所示。

图 1-13

- 🗑清除：单击该按钮，删除当前选中的素材。

1.3.2 【监视器】窗口

【监视器】窗口，主要用于在进行非线性编辑时对其进行预览和编辑，如图 1-14 所示。

图 1-14

【信息区】用于显示素材的长度、当前播放器指针的位置和素材的显示比例等数据，如图 1-15 所示。

图 1-15

【监视器工具栏】提供了基本的剪辑工具和播放控制按钮，单击 ⊞（按钮编辑器）按钮，弹出【按钮编辑器】对话框，如图 1-16 所示。

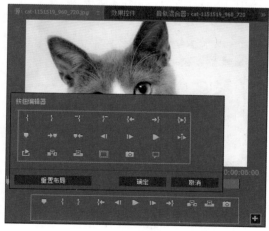

图 1-16

- ⦚（标记入点）：单击该按钮，当前时间指针所在的位置将被设置为入点。

- ⦚（标记出点）：单击该按钮，当前编辑线所在的位置将被设置为出点。

- ⦚（清除入点）：单击该按钮即可清除标记的入点。

- ⦚（清除出点）：单击该按钮即可清除标记的出点。

- ⦚（转到入点）：单击该按钮，时间指针快速定位到入点。

- ⦚（转到出点）：单击该按钮，时间指针快速定位到出点。

- ⦚（从入点到出点播放视频）：单击该按钮，播放入点到出点之间的影音素材。

- ⦚（添加标记）：单击该按钮，即可添加标记。

- ⦚（转到下一标记）：单击该按钮，时间指针快速定位到下一个标记点处。

- ⦚（转到上一标记）：单击该按钮，时间指针快速定义到上一个标记点处。

- ⦚（后退一帧）：单击该按钮，时间线跳到上一帧处。

- ⦚（前进一帧）：单击该按钮，时间线跳到下一帧处。

- ⦚（播放 - 停止切换）：单击该按钮，播放影音素材。

- ⦚（播放邻近区域）：单击该按钮，即可播放临近区域的素材片段。

- ⦚（循环）：单击该按钮，循环播放影音素材文件。

- ⦚（插入）：单击该按钮，正在编辑的素材插入到当前的时间指针处。

- ⦚（覆盖）：单击该按钮，正在编辑的素材覆盖到当前的时间指针处。

- ⦚（安全边距）：单击该按钮，可以显示安全框。

- ⦚（导出帧）：单击该按钮，输出当前编辑帧的画面效果。

1.3.3 【时间轴】窗口

【时间轴】是 Premiere 界面中最重要的窗口之一，在该窗口中可以进行图层的设置，也可以进行关键帧动画的设置，如图 1-17 所示。

图 1-17

- ▨ 00:00:00:00 （显示时间）：显示当前时间指针所在位置。
- ✂ （将序列作为嵌套或个别剪辑插入并覆盖）：单击该按钮，将序列作为嵌套或个别剪辑插入并覆盖。
- ⚟ （对齐）：启用对齐功能后，当移动某剪辑时，它会自动与另一段剪辑的边缘、标记、时间标尺开始时间、时间标尺结束时间或播放指示器对齐。
- ➡ （链接选择项）：单击使用该按钮，即可链接选中的素材。
- ⬇ （添加标记）：单击该按钮，可以在当前时间指针位置添加一个标记。
- 🔧 （时间线显示设置）：单击该按钮，可以在弹出的菜单中设置素材在时间线中的显示风格。
- 👁 （切换轨道输出）：控制轨道输出时的开关。
- 🔒 （切换轨道锁定）：通过轨道锁定功能可以防止更改当前处理序列的其他部分，锁定整条轨道对于防止该轨道上的任何剪辑发生更改很有用。
- 🔁 （切换同步锁定）：在轨道上使用切换同步锁定功能，可以限制波纹修剪期间转移的轨道。

1.3.4 【字幕】窗口

在【字幕】|【新建字幕】子菜单中，选择所需要的字幕类型，如图 1-18 所示。

在弹出的对话框中设置【名字】，并单击【确定】按钮创建新字幕，如图 1-19 所示。

图 1-18

图 1-19

字幕窗口由【字幕】、【字幕工具】、【字幕动作】、【字幕样式】和【字幕属性】组成，如图 1-20 所示。

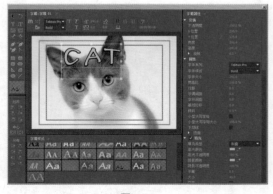

图 1-20

1.3.5 【效果】窗口

在 Premiere 中可以通过【效果】窗口设

置各式各样的效果。【效果】窗口包括【预设】、
【音频效果】、【音频过渡】、【视频效果】、【视频过渡】、【Lumetri 预设】，如图 1-21 所示。

图 1-21

有两种方法可以为素材添加效果。一是可以在【效果】窗口中找到效果，并将其拖曳到素材上，如图 1-22 所示。二是也可以在【效果】窗口的搜索框中输入效果的名称，找到该效果，如图 1-23 所示。

图 1-22

图 1-23

1.3.6 【音频合成器】窗口

在音频轨道混合器中，可在听取音频轨道和查看视频轨道时调整设置。每条音频轨道混合器均对应于活动序列时间轴中的某个轨道，并会在音频控制台中显示时间轴音频轨道，还可使用音频轨道混合器直接将音频录制到序列的轨道中，如图 1-24 所示。

图 1-24

1.4 Premiere Pro CC 2015 的设置面板

在启动 Premiere Pro CC 2015 时，界面包含了多个面板。熟练应用这些面板，可以完成视频剪辑、效果处理等任务，如【工具】面板、【效果控件】面板、【历史记录】面板、【信息】面板、【媒体浏览器】面板、【标记】面板。

1.4.1 【工具】面板

Premiere Pro CC 2015 中的【工具】面板可以对素材进行基本处理，其中包括选择工具、剃

刀工具、钢笔工具、手形工具等，如图1-25所示。

图 1-25

- ⬆ （选择工具）：选择时间线轨道上的素材文件。

- ⮕ （向前选择轨道工具）：单击该按钮，即可向前选择轨道。

- ⬅ （向后选择轨道工具）：单击该按钮，即可向后选择轨道。

- ⬌ （波纹编辑工具）：可以编辑一个素材文件而不影响相邻的素材文件。

- ⬍ （滚动编辑工具）：选择一个素材文件并拖曳编辑线，同时改变编辑线上下一个素材的入点或出点，而且拖曳编辑线时，后面的素材文件会自动调整。

- ◆ （比例拉伸工具）：选择素材文件并拖曳边缘可以改变素材文件的长度和速率。

- ◆ （剃刀工具）：用于剪辑时间线中的素材文件，按住 Shift 键可以同时剪切多条轨道中的素材。

- ↔ （外滑工具）：可以改变在两个素材文件之间的素材文件的入点和出点，并保持原有持续时间不变。

- ⬌ （内滑工具）：针对两个素材之间的素材，在拖曳时只改变相邻素材的持续时间。

- ✒ （钢笔工具）：可以在时间线的音、视频素材上创建关键帧。

- ✋ （手形工具）：用于左、右平移时间线轨道。

- 🔍 （缩放工具）：可以放大或缩小【时间线】窗口的素材。

1.4.2 【效果控件】面板

【效果控件】面板包括运动、不透明度、时间重映射等基本属性。同时当添加效果时，可以在该面板中修改参数、设置关键帧，如图1-26 所示。

图 1-26

1.4.3 【历史记录】面板

在【历史记录】面板中可以直接单击要返回的历史状态。若要删除历史状态，右击，在弹出的菜单中选择【清除历史记录】命令，可以清除全部历史状态。单击 🗑 按钮或选择菜单中的【删除】命令，可以删除当前所选的历史记录，如图 1-27 所示。

图 1-27

1.4.4 【信息】面板

【信息】面板包含了多种信息，如类型、

视频、开始、结束、持续时间等，如图 1-28 所示。

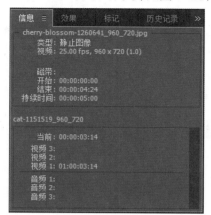

图 1-28

1.4.5 【媒体浏览器】面板

在 Premiere Pro CC 2015 的【媒体浏览器】面板中可以查看计算机中的素材，如图 1-29 所示。

图 1-29

1.4.6 【标记】面板

该面板可以显示视频中被标记的部分，如图 1-30 所示。

图 1-30

1.5 Premiere Pro CC 2015 的新增功能

Premiere Pro CC 2015 的功能非常强大，其可为 VR 视频工作流程提供强大的支持；利用 Lumetri Color 工具的全新增强功能，可以极大地扩展创意的可能性；凭借 CreativeSync，所有创意资源（包括媒体、Look、图像和 Stock 内容）均可在 Premiere Pro CC 2015 中使用。

1.5.1　VR 视频工作流程

一种新的 VR 工作流程，通过使用新的监视器控件或者在视频上单击并拖曳，你几乎可以在球形媒体内四处移动，从而实现 VR 视频回放体验的完整预览。Premiere Pro CC 2015 导出功能将正确标记文件，这样，支持 VR 的视频播放器（例如 YouTube）就会自动识别该文件。你还可以切换到立体照片模式来预览立体 VR 媒体（需要佩戴立体照片 3D 眼镜）。

1.5.2　在 Lumetri Color 面板中轻松操控颜色

用结合 SpeedGrade CC 与 Lightroom CC 技术的整合式工具，调整颜色和光。取用简易的直觉式滑块和控件，套用从简单色彩校正到复杂Lumetri Looks 的所有功能，若想进一步进行调整，就经由 Direct Link 将项目传送到 SpeedGrade。

1.5.3　操纵面支持

Lumetri 面板分级控件现在可以映射到操纵面设备（Tangent 设备 – Elements/Wave/Ripple）。

1.5.4　Lumetri Scopes 增强功能

Lumetri Scopes 现在具备提升的 8 位显示品质，并且能够调节亮度范围，从正常 (100%) 调节为明亮 (125%) 或暗淡 (50%)。

1.5.5　增强的编辑体验

多项增强功能已添加到编辑体验中，以确保编辑可以更快速、更高效地工作。范围选择功能现在可以垂直滚动时间轴，以选择当前视图之外的更多剪辑。使用【移除属性】命令可移除特定效果。

1.5.6　新的开放字幕

Premiere Pro CC 2015 采用的新增功能允许编辑人员创建和编辑开放字幕。编辑现在可以直接在 Premiere Pro CC 2015 中创建开放字幕（或对白字幕），而无须使用第三方增效工具创建它们。该功能允许用户选择字体、颜色、大小，以及开放字幕在屏幕上的位置。

1.5.7　收录工作流程

在后台导入素材时，可以立即开始编辑素材。安装摄像机媒体并立即开始编辑。复制完成后，Premiere Pro CC 2015 切换为使用复制的媒体，这样便可释放摄像机媒体，以便在其他地方使用。

第 2 章

MV 剪辑设计：Premiere 操作基础与剪辑技巧

本章学习要点：
- 项目与素材导入
- 编辑操作基础
- 剪辑技巧

2.1 认识 MV 剪辑设计

MV 剪辑是指将视频制作的素材，通过剪切、合并、删除、重组等操作，将视频重新组合为一个新的、有感染力的、有情绪的作品。

2.1.1 叙事感

MV 虽然需要大量的混剪，但是切记不要乱，要有完整的叙事感。动作与动作、事件与事件之间的因果关系或者某种内在联系，需要着重说明故事、交代情节、介绍人物，如图2-1 所示。

图 2-1

2.1.2 节奏感

节奏感不仅表现在镜头与镜头之间的对接效果，还体现在音乐与画面的节奏感上。音乐节奏要与整部 MV 的风格与基调保持一致，并且可以在剪辑时做到音乐的起落与画面的节奏保持一致，这样给人的感觉才是协调的、舒服的，如图 2-2 和图 2-3 所示。

图 2-2

图 2-3

2.1.3 景别

景别是指被拍摄内容在画面中所占的位置。通常分为特写（人体肩部以上）、近景（人体胸部以上）、中景（人体膝部以上）、全景（人体的全部和周围背景）、远景（被摄体所处环境）。

※ 特写：突出画面中主角的细节，通过局部揭示主体内容。

※ 近景：近景能使观者高度集中注意主体的主要特点与质感。让主体在观者的眼中有一个鲜明的、视觉强烈的深刻印象。

※ 中景：中景主要是用来表达人与人、人与物、物与物之间的情节交流，以及相互之间的关系。

※ 全景：全景通常可以表现完整的故事情节，不会重点突出某个主体。

※ 远景：远景由于画面中人物等主角在画面中所占的比例较小，更能体现人和环境的关系，大面积的画面"留白"会给观众带来丰富的想象空间。

2.2 项目与素材导入

项目与素材的导入是 Premiere 的基础，在导入素材之前需要创建项目、序列等。

2.2.1　新建项目

`01` 打开Premiere软件，此时会弹出欢迎窗口。单击【新建项目】，如图2-4所示。

图 2-4

`02` 此时即可设置名称和位置，如图2-5所示。

图 2-5

`03` 单击【确定】按钮后，出现了如图2-6所示的界面。

图 2-6

2.2.2　新建序列

`01` 在【项目】窗口单击右键，选择【新建项目】|【序列】命令，如图2-7所示。

图 2-7

`02` 此时可以设置预设的参数，如视频的制式等，如图2-8所示。

图 2-8

`03` 单击【确定】按钮后，出现了如图2-9所示的界面。

图 2-9

2.2.3　新建素材箱

在【项目】窗口单击右键，选择【新建素材箱】命令，如图 2-10 所示。此时【项目】窗口已经有了新建的素材箱文件夹，如图 2-11 所示。

图 2-10

图 2-11

2.2.4　视频采集与导入素材

1.　通过无磁带格式导入资源

各个制造商基于文件的摄像机，将视频和音频录制到特定格式的以特定目录结构组织的文件中。这些格式包括用于以下机型的格式：Panasonic P2 摄像机、Sony XDCAM HD 和 XDCAM EX 摄像机、Sony 基于 CF 的 HDV 摄像机，以及 AVCHD 摄像机。

格式中任意一种进行录制的摄像机通常都将内容录制至硬盘、光学媒体或闪存媒体，而非录像带。因此将这些摄像机和格式称为基于文件式或无磁带式，而非基于文件式。

来自基于文件的摄像机的视频和音频已包含在数字文件中。要将它们加入 Premiere，无须执行捕捉或数字化步骤。读取来自录制媒体的数据并将其转换为可在项目中使用的格式这个过程称为"收录"。

Adobe 在 其网站上为 P2、RED、XDCAM、AVCCAM 和 DSLR 摄像机和素材提供了工作流指南。

2.　捕捉和数字化素材

要将已不再以一个文件或一组文件形式提供的素材引入 Premiere 项目，可以根据源材料的类型对其进行捕捉或数字化。

捕捉： 可以从电视实况广播摄像机或磁带中捕捉数字视频，将视频从来源录制到硬盘。许多数码摄像机和磁带盒可将视频录制到磁带，在项目使用之前，应先将视频从磁带捕捉到硬盘。Premiere 会通过安装在计算机上的数字端口捕捉视频。Premiere 会先将捕捉的素材以文件形式保存到磁盘上，然后再将文件以剪辑形式导入到项目中。可以使用 Adobe After Effects 启动 Premiere 和捕捉进程，或者使用 Adobe OnLocation 捕捉视频。

数字化： 可以将来自电视实况广播模拟摄像机源或模拟磁带设备的模拟视频数字化。将模拟视频数字化或将其转换为数字形式之后，计算机就可以对其进行存储和处理了。在计算机中安装数字化卡或设备时，捕捉命令就会对视频进行数字化。Premiere 会先将数字化素材以文件形式保存到磁盘中，然后再将文件以剪辑形式导入项目中。

3. 针对 HD、DV 或 HDV 捕捉设置系统

通过此设置，可以从 DV 或 HDV 源捕捉音频和视频。编辑时，可在电视监视器上监视信号。最后，可将任何序列导回到录像带。

4. 捕捉 DV 或 HDV 视频

可以通过 FireWire 电缆将 DV 或 HD 设备连接到计算机，从该设备捕捉音频和视频。Premiere 可将音频和视频信号录制到硬盘上，并通过 FireWire 端口控制设备。可以从 XDCAM 或 P2 设备捕捉 DV 或 HDV 素材。如果计算机安装了支持的第三方捕捉卡或设备，可以通过 SDI 端口进行捕捉。此外，计算机还必须安装相应的驱动程序。

在使用 DV 或 HDV 创建序列时，已经分别为 "DV 捕捉" 或 "HDV 捕捉" 设置了捕捉设置。但是，要在所建立的项目中从 "捕捉" 面板内部将捕捉设置更改为 DV 或 HDV。

可以选择在预览和捕捉期间是否在 "捕捉" 窗口中预览 DV 视频，也可以在 "捕捉" 窗口中预览 HDV 素材（仅限于 Windows 操作系统）。但在捕捉期间，无法在 "捕捉" 窗口中预览 HDV 素材。不过，在 HDV 捕捉期间，此窗口中会显示 "正在捕捉" 字样。

5. 导入

"导入" 是将硬盘或连接的其他存储设备中的已有文件引入项目中。导入文件之后，这些文件便可供 Premiere 使用。Premiere 支持导入许多类型的视频、静止图像和音频。

在【项目】面板中单击右键，选择【导入】命令，如图 2-12 所示。即可选择要导入的文件，导入后的效果，如图 2-13 所示。

图 2-12

图 2-13

也可在【项目】窗口的空白处双击，然后导入所需素材。

2.3 编辑操作基础

Premiere 编辑操作包括多种基本的操作技术，如复制、粘贴、帧混合等。

2.3.1 设置视频长宽比

设置不同的视频长宽比，可有不同的视频效果。

表 2-1　视频长宽比对应视频效果

	长宽比	
方形像素	1.0	素材的帧大小为 640×480 或 648×486；素材为 1920×1080 HD（非 HDV 或 D1/DV NTSC 0.91 素材的帧大小为 720×486 或 720×480，并且所需结果为 4:3 帧长宽比
D1/DV NTSC	0.91	素材的帧大小为 720×486 或 720×480，并且所需结果为 4:3 帧长宽比
D1/DV NTSC 宽银幕	1.21	素材的帧大小为 720×486 或 720×480，并且所需结果为 16:9 帧长宽比
D1/DV PAL	1.09	素材的帧大小为 720×576，并且所需结果为 4:3 帧长宽比
D1/DV PAL 宽银幕	1.46	素材的帧大小为 720×576，并且所需结果为 16:9 帧长宽比
变形 2:1	2.0	使用变形胶片镜头拍摄的素材，或者是长宽比为 2:1 的胶片
HDV 1080/DVCPRO HD 720、HD Anamorphic 1080	1.33	素材的帧大小为 1440×1080 或 960×720，并且所需结果为 16:9 帧长宽比
DVCPRO HD 1080	1.5	素材的帧大小为 1280×1080，并且所需结果为 16:9 帧长宽比

2.3.2 分类管理素材

当【项目】窗口中素材比较多、比较复杂时，可对其进行管理归纳。可以在【项目】窗口中单击右键，选择【新建素材箱】命令，如图 2-14 所示。选择相应的素材，按下鼠标左键并拖曳到刚才创建的文件夹中，如图 2-15 所示。此时可看到文件夹中出现了刚才的素材，如图 2-16 所示。

图 2-14

图 2-15

图 2-16

2.3.3 标记入点和出点

拖曳 滑块，然后单击 （标记入点）按钮，如图 2-17 所示。此时【时间轴】窗口的效果，如图 2-18 所示。

图 2-17

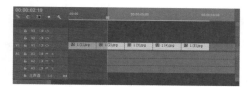

图 2-18

拖曳 滑块，然后单击 （标记出点）按钮，如图 2-19 所示。此时【时间轴】窗口的效果，如图 2-20 所示。

图 2-19

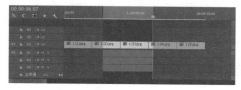

图 2-20

此时入点和出点已经标记完成。

2.3.4　提升和提取

（提升）：删除标记入点和出点之间的

素材。

（提取）：删除标记入点和出点之间的素材，并自动移动补齐素材位置。

标记入点和出点后，如图 2-21 所示。【时间轴】窗口的效果，如图 2-22 所示。

图 2-21

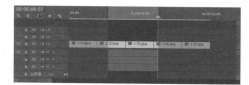

图 2-22

当单击 （提升）按钮时，如图 2-23 所示，中间的部分将会被删除，如图 2-24 所示。

图 2-23

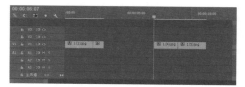

图 2-24

当单击 （提取）按钮时，如图 2-25 所示，中间的部分将会被删除，并且自动清除中间的空缺部分，如图 2-26 所示。

图 2-25

图 2-26

2.3.5　快速调整素材的起始和结束位置

01 鼠标光标移动到素材的左侧，当出现标志时，按下鼠标左键并向右拖曳，即可设置起始时间的位置，如图2-27所示。

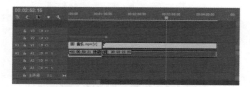

图 2-27

02 鼠标移动到素材的右侧，当出现标志时，按下鼠标左键并向左拖曳，即可设置结束时间的位置，如图2-28所示。

图 2-28

03 调整后的效果，如图2-29所示。

图 2-29

2.3.6　素材的切分与重组

01 单击 （剃刀）工具，并在视频素材上单击进行切割素材，如图2-30所示。

图 2-30

02 采用同样的方法，再次进行多次切割，如图2-31所示。

图 2-31

03 单击 （选择）工具，按住Shift键单击多个素材片段，如图2-32所示。

图 2-32

04 按键盘上的Delete键进行删除，如图2-33所示。

图 2-33

05 最后可以单击 █ （选择）工具，将素材移动到相应的位置，如图2-34所示。

图 2-34

2.3.7 画面大小与当前画幅的尺寸匹配

01 当导入素材时，有时候由于素材的尺寸过小，导致无法覆盖整个画面，如图2-35所示。

02 在【时间轴】窗口中单击鼠标右键，选择【缩放为帧大小】命令，如图2-36所示。

图 2-35

图 2-36

03 此时可以看到素材被自动扩大为与窗口相同的尺寸，该方法比调节缩放的方法更快捷，如图2-37所示。

图 2-37

2.3.8 复制与粘贴

选择时间轴上的素材，如图 2-38 所示。

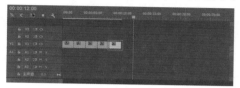

图 2-38

移动时间线的位置，按快捷键 Ctrl+C （复制），然后按快捷键 Ctrl+V （粘贴），如图 2-39 所示。

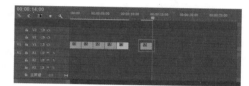

图 2-39

2.3.9 素材编组与取消编组

选择需要编组的素材，如图 2-40 所示。

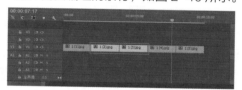

图 2-40

单击鼠标右键选择【编组】命令，则可进行编组。选择【取消编组】命令，则可解组，如图 2-41 和图 2-42 所示。

图 2-41

图 2-42

2.3.10　视频、音频的链接与解除

当我们将带有配乐的视频素材导入到时间线中时，视频和音频轨道上都会出现素材，并且选择视频或音频轨道上的素材时，两个轨道都会被选中，说明它们是链接在一起的，如图2-43所示。可以对素材解除链接，单击鼠标右键，选择【取消链接】命令。

图 2-43

此时可以单独选择视频或音频轨道，例如选择视频轨道上的素材，如图2-44所示。

图 2-44

按键盘上的 Delete 键，即可完成删除操作，如图2-45所示。

图 2-45

2.3.11　替换素材

01 将素材导入到时间轴窗口的视频轨道中，如图2-46所示。

02 可以选择【项目】窗口中的素材，如图2-47所示。单击右键选择【替换素材】命令，如图2-48所示。

图 2-46

图 2-47

图 2-48

03 此时即可选择要替换的素材，替换后可以看到视频轨道上的素材发生了变化，如图2-49所示。

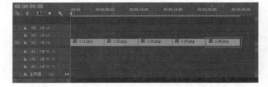

图 2-49

2.3.12　帧混合

有时候由于视频缺帧，导致播放比较卡顿。为了让视频播放更加流畅，可以使用【帧混合】功能进行处理，如图 2-50 所示，选择素材并单击右键执行【帧混合】命令即可。

图 2-50

2.3.13　嵌套

　　【嵌套】是指将多个素材暂时作为一个整体，并且通过双击对单独的素材进行调整。

01 选择素材，如图2-51所示。

图 2-51

02 单击右键选择【嵌套】命令，如图2-52和图2-53所示。

图 2-52

图 2-53

03 嵌套完成后，看到刚才的三个素材变成了一个【嵌套序列01】，如图2-54所示。

图 2-54

2.3.14　修改速度与时间

01 选择视频轨道上的素材，并看到其时间长度为25秒，如图2-55所示。

图 2-55

02 单击右键选择【速度/持续时间】命令，如图2-56所示。可以将【持续时间】的数值设置得更小一些，如图2-57所示。

图 2-56

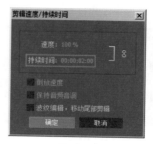

图 2-57

03 此时可以看到每个选中的素材片段都变短了，如图2-58所示。

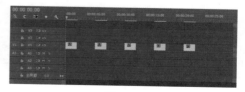

图 2-58

04 在片段和片段之间的空隙处单击右键，选择【波纹删除】命令，如图2-59所示。

05 此时看到整体的时间长度为10秒，如图2-60所示。

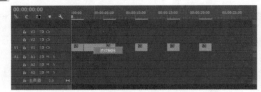 

图 2-59 图 2-60

2.4 剪辑技巧

剪辑是 Premiere 最擅长的功能之一。剪辑常用的工具并不多，但是都非常便捷。最常用的剪辑工具包括 ◇（剃刀）工具、▶（选择）工具等，如图 2-61 所示。

01 单击选择 ◇（剃刀）工具或按C键，在视频轨道上单击鼠标左键，如图2-62所示。

图 2-61 图 2-62

02 此时素材被切割为两个部分，如图2-63所示。

03 单击选择 ▶（选择）工具，单击被切割的素材，如图2-64所示。

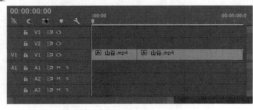 

图 2-63 图 2-64

04 按Delete键删除选中的素材，如图2-65所示。

图 2-65

2.4.1　动接动

节奏是视频剪辑中非常重要的技术。常见的剪辑包括动接动、静接静、静接动。动接动是指运动的镜头对接运动的镜头，动作衔接更流畅、情绪表达更完整。

剪辑实例：动接动	
实例类型：	剪辑实例
难易程度：	★
实例思路：	将素材进行切分和重组，实现剪辑效果

01 打开Premiere软件，并新建项目。接着双击【项目】窗口，并将【01.mov】素材导入，如图2-66所示。

图 2-66

02 单击选中【01.mov】素材，并拖曳到【时间轴】窗口。接着选择素材，单击右键执行【取消链接】命令，如图2-67所示。

图 2-67

03 选择分离出的音频，按Delete键删除，如图2-68所示。

图 2-68

04 单击 （剃刀）工具按钮，并在10秒22帧处单击进行切割，如图2-69所示。

图 2-69

05 继续将时间线拖曳到14秒18帧位置，再次单击进行切割，如图2-70所示。

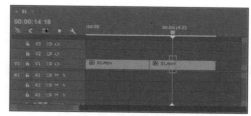

图 2-70

06 单击 （选择）工具，选择刚才中间的素材片段。接着单击拖曳到视频轨道V2中，如图2-71所示。

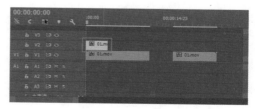

图 2-71

07 将时间线拖曳到5秒22帧，然后单击 （剃刀）工具，切割V1轨道上的视频，如图2-72所示。

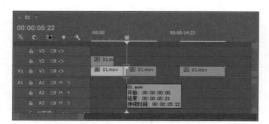

图 2-72

08 单击选中刚才被切割出的V1轨道上的第2个素材片段，并单击 ▶（选择）工具，将其拖曳到V2轨道上，如图2-73所示。

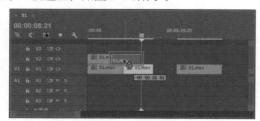

图 2-73

09 选择此时V1轨道上的素材，按Delete键删除，如图2-74所示。

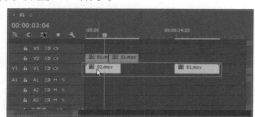

图 2-74

10 此时保留了两个素材片段，完成了动接动的镜头效果剪辑，如图2-75所示。

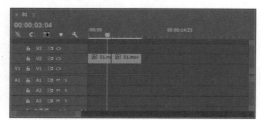

图 2-75

11 最终效果，如图2-76所示。

图 2-76

2.4.2　静接静

静接静是指固定镜头之间的组合，例如表现一年四季的镜头组合。

剪辑实例：春夏秋冬
实例类型：镜头组接实例
难易程度：★
实例思路：将素材进行组接，实现四季交替的效果

01 打开Premiere软件，并新建项目。接着双击【项目】窗口，并将01.jpg、02.jpg、03.jpg、04.jpg素材导入，如图2-77所示。

图 2-77

02 依次将4个素材拖曳到【时间轴】窗口，如图2-78所示。

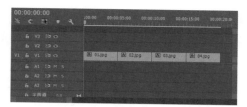

图 2-78

03 此时拖曳时间线，即可看到出现了静接静的镜头效果，并且镜头之间过渡很自然，如图2-79所示。

图 2-79

2.4.3　静接动

静接动是指固定镜头和运动镜头之间的组合。

剪辑实例：注视气球升起
实例类型：剪辑实例
难易程度：★
实例思路：将素材进行对接，实现静接动的剪辑效果

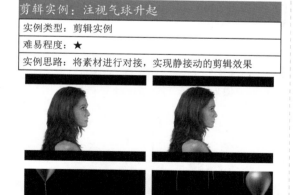

01 打开Premiere软件，并新建项目。接着双击【项目】窗口，并将01.avi、02.mov素材导

入，如图2-80所示。

图 2-80

02 将01.avi素材拖曳到【时间轴】窗口中，此时镜头为一个人注视远方的效果，如图2-81所示。

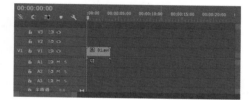

图 2-81

03 将02.mov素材拖曳到【时间轴】窗口中，此时镜头为气球上升的效果，如图2-82所示。

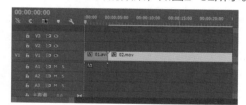

图 2-82

04 此时两个镜头的对接方式为静接动，效果如图2-83所示。

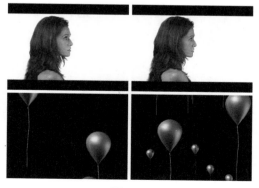

图 2-83

2.5 拓展练习：素材打包

实例类型：操作基础
难易程度：★
实例思路：对素材进行项目管理，将所有素材整理到一个文件夹中

打开素材文件，在菜单栏中执行【文件】|【项目管理】命令，如图2-84所示。并修改【目标路径】，如图2-85所示。最后打包完成后，会在文件夹中看到打包的文件，如图2-86所示。

图 2-84

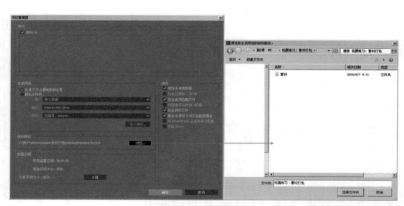

图 2-85

图 2-86

第 3 章

儿童电子相册设计：视频转场

本章学习要点：
- 转场特效的基本操作
- 常用转场特效的使用
- 使用转场特效制作特效

3.1 关于儿童电子相册的设计

随着照相机、手机的普及，随手为宝宝拍照已经成为简单的事情。单一而枯燥的照片会缺乏画面感、仪式感，而通过 Premiere 可以让照片重新组合、编辑在一起，并且加以处理，实现全新的展示效果。电子相册具有传统相册无法比拟的优越性，图、文、声、像可以结合在一起，有更强的视觉、听觉冲击力，并且电子相册可以随时修改、快速复制、永不褪色。

3.1.1 组成结构

1. 照片素材

儿童电子相册通常使用大量的照片素材，进行有规律的组合排列，使其在有限的版面中展示更丰富的内容。

2. 边框

儿童照片为了体现更可爱、卡通、童趣的效果，可以对其进行装饰处理，其中最简单的方法就是为照片添加边框。

3. 细节元素

除了边框以外，还可以根据儿童电子相册的主题，为其添加细节元素，如卡通动物、卡通植物等。通常细节元素要与边框风格保持一致。

3.1.2 三大元素

1. 色彩

色彩是儿童电子相册中最重要的元素之一。掌握色彩搭配设计技巧，有助于增强儿童电子相册的视觉设计感和色彩情感。

色相是根据该颜色光波长短划分的，只要色彩的波长相同，色相就相同，波长不同才产生色相的差别。例如，明度不同的颜色但是波长处于 780~610nm 范围内的，那么这些颜色的色相都是红色。

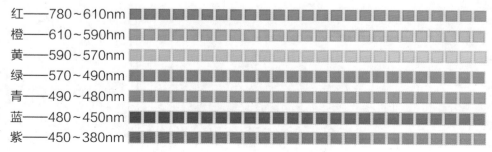

红——780~610nm
橙——610~590hm
黄——590~570nm
绿——570~490nm
青——490~480nm
蓝——480~450nm
紫——450~380nm

明度指的是色彩的亮度，也就是颜色的明暗变化。在不同色相之间的明度变化最强的是黄色；其次是橙、红、紫、黑等。在一种颜色中，加入白色越多，则明度越高；加入黑色越多，则明度越低。在不同的光照下，颜色所呈现的明度也会不同，如图 3-1 所示。

纯度指的是色彩的鲜艳和深浅，也就是色彩的饱和度。纯度最高的颜色就是原色，在其中加入黑、白、灰三种无色彩，纯度则会下降，加入得越多，颜色的纯度越低，最后会失去色相，成为无彩色，如图 3-2 所示。

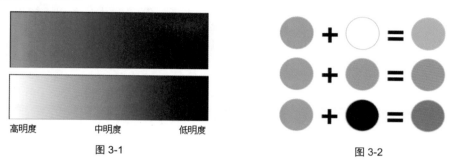

图 3-1　　　　　　　　　　　　　　　图 3-2

2. 构图

构图是指将画面中的素材进行合理的位置处理，以达到有规律的画面效果。构图通常分为骨骼型、满版型、分割型、方向型、曲线型、倾斜型、对称型、焦点型等，如图 3-3~图 3-10 所示。

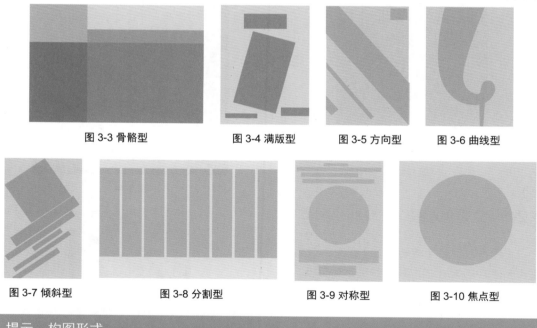

图 3-3 骨骼型　　　　图 3-4 满版型　　　　图 3-5 方向型　　　　图 3-6 曲线型

图 3-7 倾斜型　　　　图 3-8 分割型　　　　图 3-9 对称型　　　　图 3-10 焦点型

提示：构图形式

除此之外，构图方式还有很多种，合适的构图形式配合合适的色彩，即可达到所需要的效果。

3. 文字

文字是极具感染力的，人们对文字特别敏感，通过文字效果、文案内容可以快速理解作品要表达的内涵，如图 3-11 和图 3-12 所示。

图 3-11　　　　图 3-12

3.2　3D 运动类视频转场

3D 运动类转场效果主要通过模拟三维空间中的运动来产生过渡。其中包括"立方体旋转""翻转"两种转场效果，如图 3-13 所示。

图 3-13

图 3-14

3.2.1　立方体旋转

该转场效果使用旋转的 3D 立方体效果产生从素材 A 到素材 B 的转场。其参数面板，如图 3-14 所示。动画效果，如图 3-15 所示。

图 3-15

- ▶【播放】：单击该按钮可以预览过渡效果。
- 【持续时间】：设置转场的持续时间。
- 【对齐】：设置转场过渡的对齐方式。
- 【开始】、【结束】：设置开始和结束的百分比。
- 【显示实际来源】：显示过渡的图片。
- 【反转】：勾选该选项，运动效果将反向播放。

提示：我的 Premiere 怎么找不到效果面板？

在菜单栏中执行【窗口】|【工作区】|【效果】命令，如图3-16所示。此时即可出现适合进行效果操作的界面，如图3-17所示。

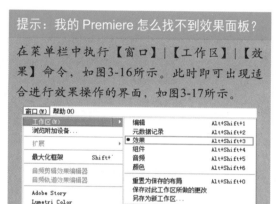

图 3-16

图 3-17

还可以在菜单栏中执行【窗口】|【效果】命令，如图3-18所示，此时可以调出【效果】面板，如图3-19所示。

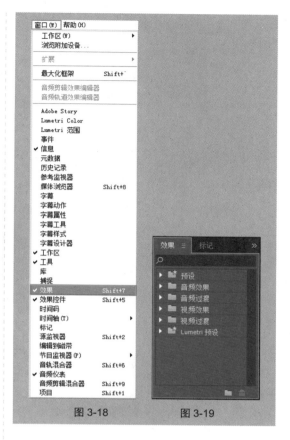

图 3-18　　　　图 3-19

3.2.2　翻转

该转场效果是素材 A 沿垂直或水平方向翻转来显示素材 B。其参数面板，如图3-20 所示。动画效果如图 3-21 所示。

图 3-20

图 3-21

- 【自定义】：单击该按钮出现设置对话框。
- 【带】：设置翻转条的数量。
- 【填充颜色】：设置翻转时的背景颜色。

3.3 划像类视频转场

划像类的转场效果是将一个素材以各种形状的形式转换到另一个素材，其中包括"交叉划像""圆划像""盒形划像"和"菱形划像"4 种转场效果，如图 3-22 所示。

图 3-22

3.3.1 交叉划像

该转场效果是素材 B 以十字形逐渐变大并替换素材 A。其参数面板，如图 3-23 所示。动画效果如图 3-24 所示。

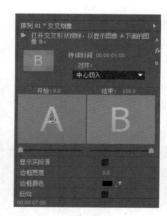

图 3-23

图 3-24

3.3.2 圆划像

该转场效果是素材 B 以一个圆形逐渐变大并替换素材 A。其参数面板，如图 3-25 所示。此时的效果，如图 3-26 所示。

图 3-25

图 3-26

3.3.3 盒形划像

该转场效果素材 B 以矩形逐渐变大并替换素材 A。其参数面板，如图 3-27 所示。此时的效果，如图 3-28 所示。

图 3-27

图 3-28

3.3.4 菱形划像

该转场效果是素材 B 以一个菱形逐渐变大并替换素材 A。其参数面板，如图 3-29 所示。动画的效果，如图 3-30 所示。

图 3-29

图 3-30

3.4 擦除类视频转场

擦除类转场效果是将素材 A 以不同的方式擦除并显示出素材 B。其中包括"划出""双侧平推门""带状擦除""径向擦除""插入""时钟式擦除""棋盘""棋盘擦除""楔形擦除""水波块""油漆飞溅""渐变擦除""百叶窗""螺旋框""随机块""随机擦除"和"风车"17 种转场效果，如图 3-31 所示。

图 3-31

图 3-33

3.4.1 划出

该转场效果是使素材 B 逐渐擦除素材 A 并替换。其参数面板，如图 3-32 所示。动画效果如图 3-33 所示。

图 3-32

3.4.2 双侧平推门

该转场效果是素材 A 以中心开门的方式擦除，并显示出素材 B。其参数面板，如图 3-34 所示。动画效果如图 3-35 所示。

图 3-34

图 3-35

3.4.3　带状擦除

该转场效果是素材 B 以水平条状进入并覆盖素材 A。其参数面板，如图 3-36 所示。动画效果如图 3-37 所示。

图 3-36

图 3-37

● 【自定义】：单击该按钮弹出【带状擦除设置】对话框。
● 【带状数量】：可设置带状滑动的条数。

3.4.4　径向擦除

该转场效果是素材 B 从画面的一角扫入并逐渐擦除素材 A。其参数面板，如图 3-38 所示。动画效果如图 3-39 所示。

图 3-38

图 3-39

3.4.5　插入

该转场效果是使素材 B 从画面的左上角插入并替换素材 A。其参数面板，如图 3-40 所示。动画效果如图 3-41 所示。

图 3-40

图 3-43

图 3-41

3.4.7　棋盘

　　该转场效果是素材 B 以棋盘的方式擦除素材 A 并替换。其参数面板，如图 3-44 所示。动画效果如图 3-45 所示。

3.4.6　时钟式擦除

　　该转场效果是使素材 A 以时钟显示方式过渡到素材 B。其参数面板，如图 3-42 所示。动画效果如图 3-43 所示。

图 3-44

图 3-42

图 3-45

- 【自定义】：单击该按钮弹出【棋盘设置】对话框。
- 【水平切片】：设置水平方向的切片数。
- 【垂直切片】：设置垂直方向的切片数。

3.4.8　棋盘擦除

　　该转场效果是素材 B 以方格的形式逐渐擦除素材 A 并替换。其参数面板，如图 3-46 所示。动画效果如图 3-47 所示。

图 3-46

图 3-47

- 【自定义】：单击该按钮弹出【棋盘擦除设置】对话框。
- 【水平切片】：设置水平方向的切片数。
- 【垂直切片】：设置垂直方向的切片数。

3.4.9　楔形擦除

　　该转场效果是素材 B 以扇形擦除素材 A 并

替换。其参数面板，如图 3-48 所示。动画效果如图 3-49 所示。

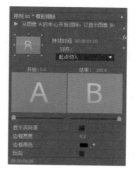

图 3-48

图 3-49

3.4.10　水波纹

　　该转场效果是素材 B 沿 Z 字形交错擦除素材 A 并替换。其参数面板，如图 3-50 所示。动画效果如图 3-51 所示。

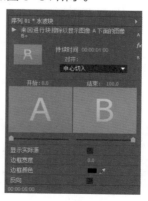

图 3-50

图 3-51

- 【自定义】：单击该按钮弹出【水波块设置】对话框。
- 【水平切片】：设置水平方向的段数。
- 【垂直切片】：设置垂直方向的段数。

3.4.11　油漆飞溅

该转场效果是素材 B 以涂料泼溅的形式逐渐覆盖素材 A。其参数面板，如图 3-52 所示。动画效果如图 3-53 所示。

图 3-52

图 3-53

3.4.12　渐变擦除

该转场效果是以某一图像的灰度级作为条件，将素材 A 逐渐擦除并显示出素材 B。参数面板，如图 3-54 所示。动画效果如图 3-55 所示。

图 3-54

图 3-55

- 【自定义】：单击该按钮弹出【渐变擦除设置】对话框。
- 【选择图像】：选择一张图片作为渐变擦除的条件。
- 【柔和度】：设置灰度的粗糙度。

3.4.13　百叶窗

该转场效果是素材 B 以百叶窗的形式擦除素材 A 并替换。其参数面板，如图 3-56 所示。动画效果如图 3-57 所示。

图 3-56

图 3-59

- ●【自定义】：单击该按钮弹出【螺旋框设置】对话框。
- ●【水平切片】：可调节水平方向的擦除段数。
- ●【垂直切片】：可调节垂直方向的擦除段数。

图 3-57

- ●【自定义】：单击该按钮弹出【百叶窗设置】对话框。
- ●【带状数量】：设置带状滑动的数量。

3.4.14　螺旋框

该转场效果是素材 B 以螺旋块旋转的方式擦除素材 A 并替换。其参数面板，如图 3-58 所示。动画效果如图 3-59 所示。

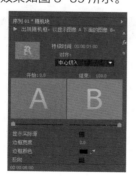

图 3-58

3.4.15　随机块

该转场效果是使素材 B 以方块形式随机出现覆盖素材 A。动画效果如图 3-60 所示。

图 3-60

- ●【自定义】：单击该按钮弹出【随机块设置】对话框。
- ●【宽】：设置素材水平随机块的宽度。
- ●【高】：设置素材垂直随机块的高度。

3.4.16　随机擦除

该转场效果是素材 B 以随机块方式由上至下逐渐擦除素材 A 并替换。其参数面板，如图 3-61 所示。动画效果如图 3-62 所示。

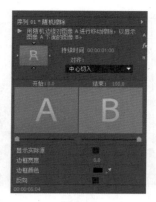

图 3-61

图 3-63

图 3-62

图 3-64

3.4.17　风车

　　该转场效果是素材 B 以风车状方式擦除素材 A 至替换。其参数面板，如图 3-63 所示。动画效果如图 3-64 所示。

- 【自定义】：单击该按钮弹出【风车设置】对话框。
- 【楔形数量】：设置扇面的数量。

3.5　溶解类视频转场

　　溶解类转场主要体现在一个画面逐渐消失，并逐渐显示出另一个画面。其中包括 MorphCut、"交叉溶解""叠加溶解""渐隐为白色""渐隐为黑色""胶片溶解"和"非叠加溶解"7 种转场效果，如图 3-65 所示。

图 3-65

3.5.1　交叉溶解

该转场效果是素材 B 和素材 A 同时淡出和淡入。其参数面板，如图 3-66 所示。动画效果如图 3-67 所示。

图 3-66

图 3-67

> 提示：打开 Premiere 文件，怎么找不到素材了？出现了红色的画面。

由于素材更换了位置等原因，会导致该文件在打开后，弹出【链接媒体】对话框，此时可单击【脱机】按钮，如图 3-68 所示。

此时看到出现了一个红色的画面，如图 3-69 所示。

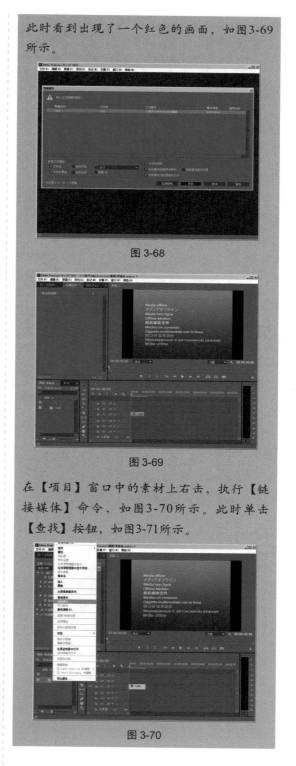

图 3-68

图 3-69

在【项目】窗口中的素材上右击，执行【链接媒体】命令，如图 3-70 所示。此时单击【查找】按钮，如图 3-71 所示。

图 3-70

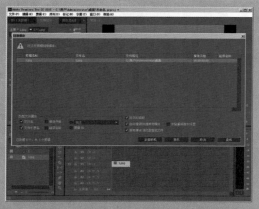

图 3-71

在弹出的对话框中找到素材的位置，并选择该素材，单击【确定】按钮，如图3-72所示。最终素材被找到了，如图3-73所示。

图 3-72

图 3-73

3.5.2　叠加溶解

该转场效果是素材 A 逐渐变亮淡化显现出素材 B。其参数面板，如图 3-74 所示。此时效果，如图 3-75 所示。

图 3-74

图 3-75

3.5.3　渐隐为白色

该转场效果是素材 A 逐渐变白，然后再淡化至消失并显现出素材 B。其参数面板，如图 3-76 所示。动画效果如图 3-77 所示。

图 3-76

图 3-77

3.5.4 渐隐为黑色

该转场效果是素材 A 逐渐变黑，然后再淡化至消失并显现出素材 B。其参数面板，如图 3-78 所示。动画效果如图 3-79 所示。

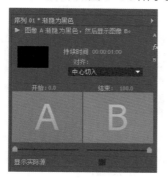

图 3-78

图 3-79

3.5.5 胶片溶解

该转场效果是素材 A 逐渐变为透明并显示出素材 B。其参数面板，如图 3-80 所示。动画效果如图 3-81 所示。

图 3-80

图 3-81

3.5.6 非叠加溶解

该转场效果是素材 B 的色相纹理逐渐出现在素材 A 上直至完全替换。其参数面板，如图 3-82 所示。动画效果如图 3-83 所示。

图 3-82

图 3-83

3.6 滑动类视频转场

滑动类转场效果是一个素材以条状或块状滑动和覆盖另一个素材。其中包括"中心拆分""带状滑动""拆分""推"和"滑动"5 种转场效果，如图 3-84 所示。

图 3-84

图 3-86

3.6.1 中心拆分

该转场效果是使素材 A 从中心分裂为 4 块，向四角移出画面并显现出素材 B。其参数面板，如图 3-85 所示。动画效果如图 3-86 所示。

图 3-85

3.6.2 带状滑动

该转场效果是使素材 B 以条状进入，并逐渐覆盖素材 A。其参数面板，如图 3-87 所示。动画效果如图 3-88 所示。

图 3-87

图 3-88

- 【自定义】：单击该按钮弹出【带状设置】
  对话框。
- 【带状数量】：设置带状的数量。

3.6.3　拆分

该转场效果是使素材 A 以中心点分开移
除画面，并显示出素材 B。其参数面板，如图
3-89 所示。动画效果如图 3-90 所示。

图 3-89

图 3-90

3.6.4　推

该转场效果是素材 B 将素材 A 推出画面。
其参数面板，如图 3-91 所示。动画效果如图
3-92 所示。

图 3-91

图 3-92

3.6.5　滑动

该转场效果是使素材 B 滑入画面并覆盖素
材 A。其参数面板，如图 3-93 所示。动画效
果如图 3-94 所示。

图 3-93

图 3-94

3.7 缩放类视频转场

缩放类视频转场主要是对画面进行放大或缩小以及拖尾等操作，只有"交叉缩放"一种转场效果，如图 3-95 所示。

图 3-95

图 3-96

交叉缩放

该转场效果是素材 A 逐渐放大并由素材 B 逐渐缩小进入。其参数面板，如图 3-96 所示。

在开始和结束显示上的圆点为素材 B 过渡的中心点，并且可以移动中心点。此时效果，如图 3-97 所示。

图 3-97

3.8 页面剥落类视频转场

页面剥落类转场效果是以纸张或卷轴等效果进行过渡。其中包括"翻页"和"页面剥落"两种转场效果，如图 3-98 所示。

图 3-98

3.8.1 翻页

该转场效果是素材 A 以反面翻页的形式显示出素材 B。其参数面板，如图 3-99 所示。动画效果如图 3-100 所示。

图 3-99

图 3-100

3.8.2 页面剥落

该转场效果是素材 A 以一角卷起的方式，

显现出素材 B。其参数面板，如图 3-101 所示。动画效果如图 3-102 所示。

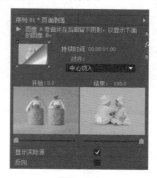

图 3-101

图 3-102

转场实例：韩版清新风格电子相册

实例类型：儿童电子相册实例
难易程度：★★
实例思路：为素材添加带状擦除转场效果、时钟式擦除转场效果、渐变擦除转场效果，并新建颜色遮罩

01 打开Premiere软件，单击【新建项目】按钮，如图3-103所示。最后单击【确定】按钮，如图3-104所示。

图 3-103

图 3-104

02 双击【项目】窗口，将素材01.jpg、02.jpg、03.jpg、04.jpg导入该窗口，如图3-105所示。并将素材01.jpg、02.jpg、03.jpg、04.jpg依次拖曳到视频轨道V1中，如图3-106所示。

图 3-105

图 3-106

03 将【带状擦除】转场效果拖曳到素材01.jpg和02.jpg之间，将【时钟式擦除】转场效果拖曳到素材02.jpg和03.jpg之间，将【渐变擦除】转场效果拖曳到素材03.jpg和04.jpg之间，如图3-107所示。

图 3-107

04 拖曳时间线，此时效果如图3-108所示。

图 3-108

05 在【项目】窗口中右击，执行【新建项目】|【颜色遮罩】命令，如图3-109所示。并在弹出的窗口中单击【确定】按钮，如图3-110所示。

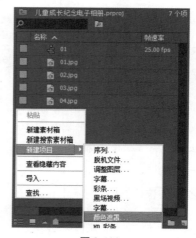

图 3-109

图 3-110

06 接着将颜色设置为白色，如图3-111所示。最后设置名称为【颜色遮罩】，并单击【确定】按钮，如图3-112所示。

图 3-111

图 3-112

07 将【项目】窗口的【颜色遮罩】拖曳到视频轨道V2中，如图3-113所示。

图 3-113

08 选择此时的【颜色遮罩】，设置【位置】为1082和20，【缩放】为80，【旋转】为45.0°。并添加【投影】效果，设置【不透明度】为100，【方向】为135.0°，【距离】为5，【柔和度】为30，如图3-114所示。

图 3-114

09 此时的效果，如图3-115所示。

图 3-115

10 采用同样的方法，制作出左下方的颜色遮罩，如图3-116所示。

图 3-116

11 继续新建一个颜色遮罩，如图3-117所示。

12 选择此时的【颜色遮罩】，并设置【位置】为359和4，【缩放高度】为3，【缩放宽度】为76，取消【等比缩放】选项的选中状态，如图3-118所示。

图 3-117

图 3-118

13 此时的效果，如图3-119所示。

图 3-119

14 采用同样的方法，制作出右下角的颜色遮罩，如图3-120所示。

图 3-120

15 最终的效果，如图3-121所示。

图 3-121

转场实例：儿童一周岁纪念电子相册

实例类型：儿童电子相册实例
难易程度：★★
实例思路：为素材添加交叉划像转场效果、星形划像转场效果、径向擦除转场效果、棋盘转场效果、多旋转转场效果

01 打开Premiere软件，单击【新建项目】按钮，如图3-122所示。最后单击【确定】按钮，如图3-123所示。

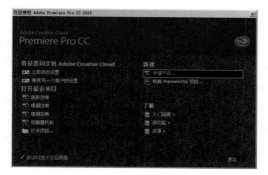

图 3-122

图 3-123

02 在菜单栏中执行【文件】|【新建】|【序列】命令，如图3-124所示。

图 3-124

03 在弹出的窗口中单击【确定】按钮，如图3-125所示。

图 3-125

04 双击项目面板，然后导入素材01.jpg、02.jpg、03.jpg、04.jpg、05.jpg、06.jpg，如图3-126所示。

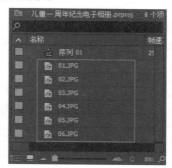

图 3-126

05 单击选择【项目】窗口的01.jpg、02.jpg、03.jpg、04.jpg、05.jpg、06.jpg素材，然后依次拖曳到【时间轴】窗口中的V1轨道中，如图3-127所示。

图 3-127

06 将【交叉划像】转场效果拖曳到素材01.jpg和02.jpg之间，如图3-128所示。

图 3-128

07 设置【边框宽度】为5，【边框颜色】为黄
色，如图3-129所示。

图 3-129

08 将【星形划像】转场效果拖曳到素材02.jpg
和03.jpg之间，如图3-130所示。

图 3-130

09 设置【边框宽度】为30，【边框颜色】为
绿色，如图3-131所示。

图 3-131

10 将【径向擦除】转场效果拖曳到素材03.jpg

和04.jpg之间，如图3-132所示。

图 3-132

11 设置【边框宽度】为20，【边框颜色】为
橙色，如图3-133所示。

图 3-133

12 将【棋盘】转场效果拖曳到素材04.jpg和
05.jpg之间，如图3-134所示。

图 3-134

13 设置【边框宽度】为5，【边框颜色】为青
色，如图3-135所示。

图 3-135

14 将【多旋转】转场效果拖曳到素材04.jpg和05.jpg之间，如图3-136所示。

图 3-136

15 设置【边框宽度】为5，【边框颜色】为蓝色，如图3-137所示。

图 3-137

16 执行【字幕】|【新建字幕】|【默认静态字幕】命令，如图3-138所示。在弹出的对话框中单击【确定】按钮，如图3-139所示。

图 3-138

图 3-139

17 此时即可单击 T（文字）工具，并输入文字。接着在右侧设置【字体系列】、【字体样式】、【字体大小】等参数，如图3-140所示。

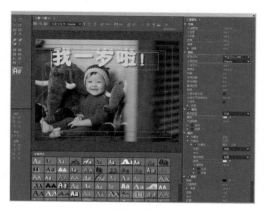

图 3-140

18 文字设置完成后，可将当前窗口关闭。然后将【项目】窗口中的【字幕01】拖曳到V2视频轨道中，如图3-141所示。

图 3-141

19 最终效果，如图3-142所示。

图 3-142

转场实例：可爱童年视频转场

实例类型：儿童电子相册实例
难易程度：★★
实例思路：为素材添加交叉划像转场效果、圆划像转场效果、菱形划像转场效果

01 打开Premiere软件，然后单击【新建项目】按钮，如图3-143所示。最后单击【确定】按钮，如图3-144所示。

图 3-143

图 3-144

02 双击【项目】窗口，并将素材01.jpg、02.jpg、03.jpg、04.jpg导入该窗口。并将素材01.jpg、02.jpg、03.jpg、04.jpg依次拖曳到V1视频轨道中，如图3-145所示。

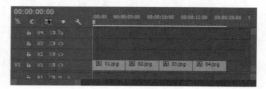

图 3-145

03 将【交叉划像】转场效果拖曳到素材01.jpg和02.jpg之间，如图3-146所示。

图 3-146

04 设置【边框宽度】为6.5，【边框颜色】为白色，如图3-147所示。

图 3-147

05 将【圆划像】转场效果拖曳到素材02.jpg和03.jpg之间，如图3-148所示。

图 3-148

06 将【菱形划像】转场效果拖曳到素材02.jpg和03.jpg之间，如图3-149所示。

图 3-149

07 在菜单栏中执行【字幕】|【新建字幕】|【默认静态字幕】命令，如图3-150所示。在弹出的窗口中单击【确定】按钮，如图3-151所示。

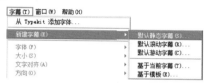

图 3-150

图 3-151

08 单击■（矩形）工具绘制矩形，并设置【图形类型】为【闭合贝塞尔曲线】，【线宽】为30，设置【颜色】为白色，如图3-152所示。

图 3-152

09 文字设置完成后，可将当前窗口关闭。然后将【项目】窗口中的【字幕01】拖曳到V2视频轨道中，如图3-153所示。

图 3-153

10 最终的效果，如图3-154所示。

图 3-154

转场实例：最美的陪伴

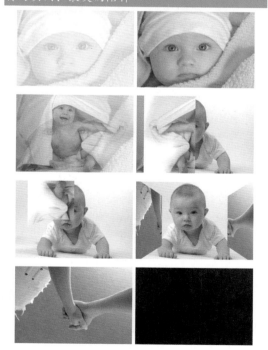

实例类型：儿童电子相册实例
难易程度：★★
实例思路：为素材添加渐隐为白色的转场效果、交叉溶解转场效果、向上折叠转场效果、门转场效果、渐隐为黑色的转场效果

01 打开Premiere软件，然后单击【新建项目】按钮，如图3-155所示。最后单击【确定】按钮，如图3-156所示。

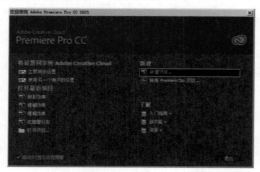

图 3-155

图 3-156

02 在菜单栏中执行【文件】|【新建】|【序列】命令，如图3-157所示。

图 3-157

03 在弹出的窗口中单击【确定】按钮，如图3-158所示。

图 3-158

04 双击【项目】面板，然后导入素材01.jpg、02.jpg、03.jpg、04.jpg，如图3-159所示。

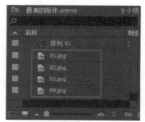

图 3-159

05 单击选择【项目窗口】中的01.jpg、02.jpg、03.jpg、04.jpg素材，然后依次拖曳到【时间轴】窗口的V1轨道中，如图3-160所示。

图 3-160

06 依次选择01.jpg、02.jpg、03.jpg、04.jpg素材，并依次设置【缩放】为80、70、80、70，如图3-161~图3-164所示。

图 3-161

图 3-162

图 3-163

图 3-164

07 将【渐隐为白色】转场效果拖曳到01.jpg素材的前方，如图3-165所示。

图 3-165

提示：白场和黑场

转场效果不仅可以添加于素材和素材之间，使其产生过渡效果，而且还可以添加于一个素材的前方或后方。通常使用【渐隐为白色】转场效果制作白场效果；使用【渐隐为黑色】转场效果制作黑场效果。

08 将【交叉溶解】转场效果拖曳到01.jpg和02.jpg素材之间，如图3-166所示。

图 3-166

09 将【向上折叠】转场效果拖曳到02.jpg和03.jpg素材之间，如图3-167所示。

图 3-167

10 将【门】转场效果拖曳到03.jpg和04.jpg素材之间，如图3-168所示。

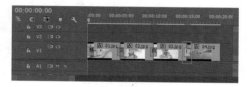

图 3-168

11 将【渐隐为黑色】转场效果拖曳到04.jpg素材的后方，如图3-169所示。

图 3-169

12 最终的效果，如图3-170所示。

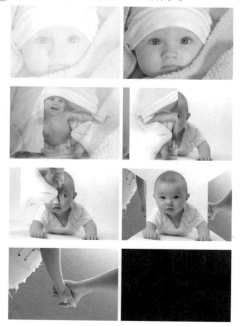

图 3-170

3.9 拓展练习：儿童梦幻色彩相册

实例类型：儿童电子相册实例
难易程度：★★
实例思路：为素材添加四色渐变效果模拟四色相册

导入素材，如图 3-171 所示。为素材添加【四色渐变】效果，制作 4 种颜色的渐变效果，如图 3-172 所示。

图 3-171

图 3-172

第 4 章

电影特效镜头设计：视频特效

本章学习要点：

- 视频特效的基本操作
- 常用的视频特效
- 使用视频特效制作各种效果

4.1 关于电影特效镜头设计

Visual Effects 翻译为"视觉效果"，常简称为"视效"，英文缩写 为 VFX。在影视中，人工制造出来的假象和幻觉，被称为"影视特效"（也被称为"特技效果"），较为著名的特效公司有工业光魔 ILM(IndustrialLight&Magic)、数字领域 (DigitalDomain)、维塔数字 (WetaDigital)、索尼图形图像运作公司 (ImageWorks) 等。Premiere 有多种视频效果，可以模拟多种奇幻的、刺激的镜头效果，因此 Premiere 可以应用于电影特效镜头设计中。由于电影拍摄受限、经费控制等因素，电影需要借助计算机制作特效，如图 4-1 所示。

图 4-1

4.2 变换类视频特效

变换类视频特效主要是对素材进行旋转、裁剪等操作，包括"垂直翻转""水平翻转""羽化边缘"和"裁剪"4 种特效。其面板如图 4-2 所示。

图 4-2

4.2.1　垂直翻转

　　【垂直翻转】效果可以将素材进行上下翻转。添加效果前后的对比效果，如图 4-3 和图 4-4 所示。

图 4-3

图 4-4

提示：如何让画面布满整个监视器

　　当素材四周带有黑色边缘，没有被完整填充到监视器时，如图 4-5 所示，有两种方法可以进行设置。

图 4-5

　　方法 1：可以将素材进行缩放设置，例如进行放大，使其填充到整个画面，如图 4-6 所示。

图 4-6

　　方法 2：可以在素材上单击右键，执行【缩放为帧大小】命令，如图 4-7 所示。此时即可看到上下的黑色边缘已经消失，如图 4-8 所示。

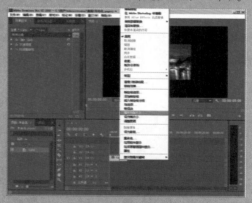
图 4-7

图 4-8

4.2.2　水平翻转

　　【水平翻转】效果可以将素材进行左右翻转。添加效果前后的对比效果，如图 4-9 和图 4-10 所示。

　　　　图 4-9　　　　　　　图 4-10

4.2.3　羽化边缘

　　【羽化边缘】特效可以对素材边缘进行羽化处理。其参数面板，如图 4-11 所示。添加效果前后的对比效果，如图 4-12 和图 4-13 所示。

图 4-11

　　　　图 4-12　　　　　　　图 4-13

- 【数量】：设置边缘羽化的程度。

4.2.4　裁剪

　　【裁剪】特效可以对素材进行剪裁。其参数面板，如图 4-14 所示。添加效果前后的对比效果，如图 4-15 和图 4-16 所示。

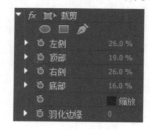

图 4-14

　　　　图 4-15　　　　　　　图 4-16

- 【左侧】：设置左侧的剪裁程度。
- 【顶部】：设置顶边的剪裁程度。
- 【右侧】：设置右侧的剪裁程度。
- 【底部】：设置底边的剪裁程度。
- 【缩放】：在剪裁的同时对素材进行自动缩放。
- 【羽化边缘】：设置裁剪边缘的羽化程度。

4.3　实用程序类视频特效

　　【实用程序】类特效主要用于设置素材颜色的输入与输出。该组特效中只有【Cineon 转换器】特效，其面板如图 4-17 所示。

图 4-17

图 4-19　　　　　　　图 4-20

Cineon 转换器

【Cineon 转换器】特效是对素材的色调进行对数、线性间的转换。其参数面板，如图 4-18 所示。添加效果前后的对比效果，如图 4-19 和图 4-20 所示。

图 4-18

- 【转换类型】：设置色调的转换方式。
- 【10 位黑场】：以 10 位数设置素材的黑场效果。
- 【内部黑场】：设置自身黑场。
- 【10 位白场】：以 10 位数设置素材的白场效果。
- 【内部白场】：设置自身白场。
- 【灰度系数】：调整素材的灰度级数。
- 【高光滤除】：消除高光部分的过度曝光。

4.4　扭曲类视频特效

扭曲类视频效果可以制作出"位移""变换""弯曲""放大"等各种扭曲变形的效果。其面板如图 4-21 所示。

图 4-21

4.4.1　位移

【位移】效果可以将素材产生重叠重影的效果。其参数面板，如图 4-22 所示。添加效果前后的对比效果，如图 4-23 和图 4-24 所示。

图 4-22

图 4-23　　　　　　图 4-24

图 4-29　　　　　　图 4-30

4.4.2　变换

【变换】效果可以让素材产生位置的变换效果。其参数面板，如图 4-25 所示。添加效果前后的对比效果，如图 4-26 和图 4-27 所示。

图 4-25

图 4-26　　　　　　图 4-27

4.4.3　放大

【放大】效果可以为素材产生局部放大镜的效果。其参数面板，如图 4-28 所示。添加效果前后的对比效果，如图 4-29 和图 4-30 所示。

图 4-28

4.4.4　旋转

【旋转】效果可以为素材产生扭曲旋转的特殊效果。其参数面板，如图 4-31 所示。添加效果前后的对比效果，如图 4-32 和图 4-33 所示。

图 4-31

图 4-32　　　　　　图 4-33

4.4.5　波形变形

【波形变形】效果可以为素材产生波浪抖动的效果。其参数面板，如图 4-34 所示。添加效果前后的对比效果，如图 4-35 和图 4-36 所示。

图 4-34

图 4-35　　　　　图 4-36

图 4-41　　　　　图 4-42

4.4.6　球面化

【球面化】效果可以为素材产生凸起的效果。其参数面板，如图 4-37 所示。添加效果前后的对比效果，如图 4-38 和图 4-39 所示。

图 4-37

图 4-38　　　　　图 4-39

4.4.7　紊乱置换

【紊乱置换】效果可以为素材产生置换的效果。其参数面板，如图 4-40 所示。添加效果前后的对比效果，如图 4-41 和图 4-42 所示。

图 4-40

4.4.8　边角定位

【边角定位】特效通过调整图像的 4 个边角坐标位置对图像进行透视扭曲。其参数面板，如图 4-43 所示。添加效果前后的对比效果，如图 4-44 和图 4-45 所示。

- 【左上】、【右上】、【左下】、【右下】：分别是 4 个角的坐标设置。

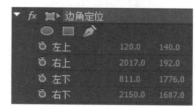

图 4-43

图 4-44　　　　　图 4-45

4.4.9　镜像

【镜像】效果可以为素材产生镜像对称的效果。其参数面板，如图 4-46 所示。添加效果前后的对比效果，如图 4-47 和图 4-48 所示。

图 4-46

图 4-47　　　　　　　图 4-48

4.4.10　镜头扭曲

【镜头扭曲】特效是让画面沿水平和垂直轴向扭曲变形。其参数面板，如图 4-49 所示。添加效果前后的对比效果，如图 4-50 和图 4-51 所示。

图 4-49

 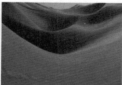

图 4-50　　　　　　　图 4-51

- 【曲率】：设置透镜的弯度。
- 【垂直 / 水平偏移】：设置图像在垂直 / 水平方向上偏离透镜原点的程度。
- 【垂直 / 水平棱镜效果】：设置图像在垂直 / 水平方向上的扭曲程度。
- 【填充 Alpha】：填充图像的 Alpha 通道。
- 【填充颜色】：设置图像偏移过度时背景呈现的颜色。

提示：将一个效果复制到另外一个素材上
想将同一个效果应用于多个素材？很简单，

在"效果控件"面板中选择使用的特效，按快捷键 Ctrl+C 进行复制，然后选择需要应用该效果的素材，按快捷键 Ctrl+V 进行粘贴。

例如，选择素材 1.jpg，如图 4-52 所示。选择该素材中的效果，按快捷键 Ctrl+C 进行复制，如图 4-53 所示。

图 4-52

图 4-53

选择素材 2.jpg，如图 4-54 所示。选择该素材中的效果，按快捷键 Ctrl+V 进行粘贴，如图 4-55 所示。

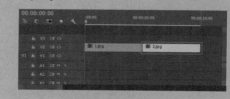

图 4-54

图 4-55

4.5　时间类视频特效

时间类特效主要是用于设置素材的时间特性，包括"抽帧时间"和"残影"两种特效。其面板如图 4-56 所示。

图 4-56

4.5.1　抽帧时间

【抽帧时间】特效可以设置素材的帧率，从而产生跳帧的播放效果。其参数面板，如图 4-57 所示。

图 4-57

- 【帧速率】：设置素材的播放帧速度。

4.5.2　残影

【残影】特效可以让视频素材产生重叠效果。其参数面板，如图 4-58 所示。添加效果前后的对比效果，如图 4-59 和图 4-60 所示。

图 4-58

图 4-59　　　　　　　**图 4-60**

- 【残影时间（秒）】：设置延时残影图像的产生时间。
- 【残影数量】：设置残影的数量。
- 【起始强度】：设置当前帧出现的强度。
- 【衰减】：设置素材帧与帧之间的混合程度。
- 【残影运算符】：选择运算的模式。

4.6　杂色与颗粒类视频特效

杂色与颗粒类视频效果中的滤镜以 Alpha 通道，HLS 为条件，对素材应用不同效果的颗粒和划痕效果。该面板共包含 6 种特效，其面板如图 4-61 所示。

图 4-61

4.6.1 中间值

【中间值】特效使画面颜色虚化处理。其参数面板，如图 4-62 所示。添加效果前后的对比效果，如图 4-63 和图 4-64 所示。

图 4-62

图 4-63　　　　　　图 4-64

- 【半径】：设置虚化像素的大小。
- 【在 Alpha 通道上运算】：该效果应用于 Alpha 通道。

4.6.2 杂色

【杂色】特效使画面添加颗粒杂点。其参数面板，如图 4-65 所示。添加效果前后的对比效果，如图 4-66 和图 4-67 所示。

- 【杂色数量】：设置杂色的数量。
- 【杂色类型】：勾选【使用彩色杂色】时，产生彩色颗粒杂色。
- 【剪切】：勾选【剪切结果】选项时，杂色叠加在素材之上。

图 4-65

图 4-66　　　　　　图 4-67

4.6.3 杂色 Alpha

【杂色 Alpha】特效使画面添加颗粒杂色点，与【杂色】特效类似。其参数面板，如图 4-68 所示。添加效果前后的对比效果，如图 4-69 和图 4-70 所示。

图 4-68

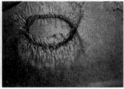

图 4-69　　　　　　图 4-70

4.6.4 杂色 HLS

【杂色 HLS】特效使画面添加颗粒杂点，与【杂色】特效类似。其参数面板，如图 4-71 所示。添加效果前后的对比效果，如图 4-72 和图 4-73 所示。

图 4-71

图 4-72　　　　　　图 4-73

4.6.5　杂色 HLS 自动

　　【杂色 HLS 自动】特效使画面添加颗粒杂色点，与【杂色】特效类似。其参数面板，如图 4-74 所示。添加效果前后的对比效果，如图 4-75 和图 4-76 所示。

图 4-74

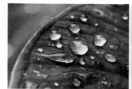

图 4-75　　　　　　图 4-76

4.6.6　蒙尘与刮痕

　　【蒙尘与刮痕】特效是在素材上添加蒙尘与划痕，通过调节半径和阈值设置视觉效果。其参数面板，如图 4-77 所示。添加效果前后的对比效果，如图 4-78 和图 4-79 所示。

图 4-77

图 4-78　　　　　　图 4-79

- 【半径】：设置蒙尘或刮痕颗粒的半径值。
- 【阈值】：设置蒙尘和刮痕颗粒的色调容差值。
- 【在 Alpha 通道上运算】：效果应用于 Alpha 通道。

4.7　模糊与锐化类视频特效

　　模糊锐化类视频特效包含"复合模糊""快速模糊""方向模糊"等模糊和锐化的 8 种特效。其面板如图 4-80 所示。

图 4-80

4.7.1　复合模糊

　　【复合模糊】特效使画面产生模糊质感。其参数面板，如图 4-81 所示。添加效果前后的对比效果，如图 4-82 和图 4-83 所示。

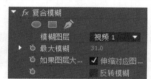

图 4-81

图 4-82　　　　　　　图 4-83

4.7.2　快速模糊

　　【杂色 Alpha】特效可以使素材快速模糊。其参数面板，如图 4-84 所示。添加效果前后的对比效果，如图 4-85 和图 4-86 所示。

图 4-84

图 4-85　　　　　　　图 4-86

4.7.3　方向模糊

　　【方向模糊】特效使画面沿某一方向进行模糊，其更具动感。其参数面板，如图 4-87 所示。添加效果前后的对比效果，如图 4-88 和图 4-89 所示。

图 4-87

图 4-88　　　　　　　图 4-89

4.7.4　相机模糊

　　【相机模糊】特效模拟摄像机变焦拍摄时产生的图像模糊效果。其参数面板，如图 4-90 所示。添加效果前后的对比效果，如图 4-91 和图 4-92 所示。

图 4-90

图 4-91　　　　　　　图 4-92

● 【百分比模糊】：设置模糊程度。

4.7.5 通道模糊

【通道模糊】特效单独模糊红、绿、蓝、Alpha 通道，使素材产生特殊的效果。其参数面板，如图 4-93 所示。添加效果前后的对比效果，如图 4-94 和图 4-95 所示。

图 4-93

图 4-94   图 4-95

● 【红色模糊度】：设置红色通道的模糊程度。

● 【绿色模糊度】：设置绿色通道的模糊程度。

● 【蓝色模糊度】：设置蓝色通道的模糊程度。

● 【Alpha 模糊度】：设置 Alpha 通道的模糊程度。

● 【边缘特性】：勾选该选项，对材料的边缘进行像素模糊处理。

● 【模糊维度】：包括【水平】、【垂直】和【水平和垂直】方向模糊。

4.7.6 钝化蒙版

【钝化蒙版】特效使画面产生类似油画的质感。其参数面板，如图 4-96 所示。添加效果前后的对比效果，如图 4-97 和图 4-98 所示。

图 4-96

图 4-97   图 4-98

4.7.7 锐化

【锐化】特效会补偿图像的轮廓，使图像更细致。其参数面板，如图 4-99 所示。添加效果前后的对比效果，如图 4-100 和图 4-101 所示。

图 4-99

图 4-100   图 4-101

4.7.8 高斯模糊

【高斯模糊】特效使图像产生模糊质感，并且可以选择模糊度和模糊尺寸方式。其参数面板，如图 4-102 所示。添加效果前后的对比效果，如图 4-103 和图 4-104 所示。

图 4-102   图 4-103   图 4-104

4.8 生成类视频特效

【生成】类视频特效主要是对素材进行生成【书写】、【单元格图案】、【吸管填充】、【四色渐变】、【圆形】等 12 种特效。其面板如图 4-105 所示。

图 4-105

4.8.1 单元格图案

【单元格图案】特效可以在素材上添加蜂巢模式，并设置成静态或动态的背景纹理和图案。

- 【单元格图案】设置单元格图案的样式。
- 【反转】：蜂巢颜色间反转。
- 【对比度】：设置锐化值。
- 【溢出】设置蜂巢图案溢出部分的方式。
- 【分散】：设置蜂巢图案的分散程度。
- 【大小】：设置蜂巢图案的大小。
- 【偏移】：设置蜂巢图案的坐标位置。
- 【平铺选项】：设置蜂巢图案水平与垂

直的单元数量。

- 【演化】：设置蜂巢图案的运动角度。
- 【演化选项】：设置蜂巢图案的运动参数。

4.8.2 四色渐变

【四色渐变】特效可以在素材上通过调节透明度和叠加的方式，产生特殊的 4 色渐变效果。其参数面板，如图 4-106 所示。添加效果前后的对比效果，如图 4-107 和图 4-108 所示。

图 4-106

- 【位置和颜色】：设置颜色点位置和颜色。

- 【混合】：设置渐变的四种颜色的混合比例。
- 【抖动】：设置颜色变化的百分比。
- 【不透明度】：设置渐变层的不透明度。
- 【混合模式】：设置渐变层与素材的混合方式。

图 4-107　　　　　图 4-108

4.8.3　圆形

【圆形】特效会产生带有某一种颜色的圆形效果，可设置边缘羽化效果。其参数面板，如图 4-109 所示。效果如图 4-110 所示。

图 4-109　　　　　图 4-110

4.8.4　棋盘

【棋盘】特效可以在视频素材上产生特殊的矩形棋盘效果。其参数面板，如图 4-111 所示。效果如图 4-112 所示。

- 【锚点】：设置棋盘格的坐标位置。
- 【大小依据】：设置棋盘格的大小。包括棋盘格的【角点】、【宽度滑块】、【宽度和高度滑块】。
- 【边角】：设置棋盘格的边角位置和大小。

- 【宽度】：设置棋盘格的宽度。
- 【高度】：设置棋盘格的高度。
- 【羽化】：设置设置格子之间的羽化值。
- 【颜色】：设置格子填充的颜色。
- 【不透明度】：设置棋盘格的不透明度。
- 【混合模式】：设置棋盘格和原素材的混合程度。

 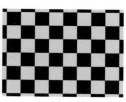

图 4-111　　　　　图 4-112

4.8.5　渐变

【渐变】特效会产生两个颜色的渐变效果。其参数面板，如图 4-113 所示。添加效果前后的对比效果，如图 4-114 和图 4-115 所示。

图 4-113

图 4-114　　　　　图 4-115

4.8.6　网格

【网格】特效会产生具有边框的网格图形效果。其参数面板，如图 4-116 所示。效果如

图 4-117 所示。

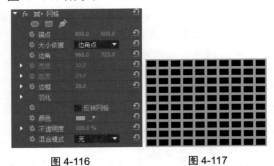

图 4-116　　　　　　　图 4-117

4.8.7　镜头光晕

　　【镜头光晕】特效会产生真实的镜头光斑效果。其参数面板，如图 4-118 所示。添加效果前后的对比效果，如图 4-119 和图 4-120所示。

图 4-118

图 4-119　　　　　　　图 4-120

4.8.8　闪电

　　【闪电】特效会产生真实的电闪雷鸣效果，经常应用于电影特效中，效果震撼。其参数面板，如图 4-121 所示。添加效果前后的对比效果，如图 4-122 和图 4-123 所示。

图 4-121

图 4-122　　　　　　　图 4-123

4.9　视频类视频特效

　　【视频】类特效中包含"剪辑名称""时间码"视频特效。其面板如图 4-124 所示。

图 4-124

4.9.1　剪辑名称

【剪辑名称】效果可以显示剪辑名称的位置、大小等信息，其参数面板如图 4-125 所示。

图 4-125

4.9.2　时间码

【时间码】效果可以显示时间码的基本信息，如位置、大小。参数面板如图 4-126 所示。添加效果前后的对比效果，如图 4-127 和图 4-128 所示。

图 4-126

图 4-127　　　　　图 4-128

- 【位置】：设置时间码在素材上的位置。
- 【大小】：设置时间在素材上的大小。
- 【不透明度】：设置时间码背景在素材上的不透明度。
- 【场符号】：可显示素材的场景符号。
- 【格式】：设置时间码的显示方式。
- 【时间码源】：设置是时间码的产生方式。
- 【时间显示】：设置时间码的显示制式。
- 【位移】：设置时间码的偏移帧数。
- 【标签文本】：为时间码添加标签文字。
- 【源轨道】：设置时间码的轨道。

4.10　调整类视频特效

调整类视频特效主要设置"光照效果""卷积内核""提取""自动对比度""自动色阶"等 9 种特效。其面板如图 4-129 所示。

图 4-129

图 4-133

4.10.1 ProcAmp

【ProcAmp】效果可以模拟视频颜色分割的效果，如一侧亮一侧暗。参数面板如图 4-130 所示。添加效果前后的对比效果，如图 4-131 和图 4-132 所示。

图 4-130

（图右部分）

图 4-134   图 4-135

4.10.3 提取

【提取】效果可以使彩色的素材变为黑白色。参数面板如图 4-136 所示。添加效果前后的对比效果，如图 4-137 和图 4-138 所示。

图 4-136

图 4-131   图 4-132

4.10.2 光照效果

【光照效果】可以令视频产生灯光照射的效果。参数面板如图 4-133 所示。添加效果前后的对比效果，如图 4-134 和图 4-135 所示。

图 4-137   图 4-138

4.10.4 自动对比度

【自动对比度】特效是对素材进行自动的

对比度调节。其参数面板，如图 4-139 所示。添加效果前后的对比效果，如图 4-140 和图 4-141 所示。

图 4-139

图 4-143　　　　　　图 4-144

- 【瞬时平滑】：设置平滑的时间。
- 【场景检测】：自动侦测到每个场景并进行色阶处理。
- 【减少黑色像素】：设置暗部的百分比。
- 【减少白色像素】：设置亮部的百分比。
- 【与原始图像混合】：设置素材间的混合程度。

4.10.6　自动颜色

【自动颜色】特效是对素材进行自动的色彩调节。其参数面板，如图 4-145 所示。添加效果前后的对比效果，如图 4-146 和图 4-147 所示。

图 4-145

图 4-140　　　　　　图 4-141

- 【瞬时平滑（秒）】：设置平滑的时间。
- 【场景检测】：自动侦测每个场景并进行对比度处理。
- 【减少黑色像素】：设置暗部的百分比。
- 【减少白色像素】：设置亮部的百分比。
- 【与原始图像混合】：设置素材间的混合程度。

4.10.5　自动色阶

【自动色阶】特效是对素材进行自动的色阶调节。其参数面板，如图 4-142 所示。添加效果前后的对比效果，如图 4-143 和图 4-144 所示。

图 4-142

图 4-146　　　　　　图 4-147

- 【瞬时平滑（秒）】：设置平滑的时间。
- 【场景检测】：自动侦测每个场景并进行色彩处理。
- 【减少黑色像素】：设置暗部的百分比。

- 【减少白色像素】：设置亮部的百分比。
- 【对齐中性中间调】使颜色接近中间色。
- 【与原始图像混合】：设置素材间的混合程度。

4.10.7　色阶

【色阶】效果可以对素材的颜色进行细致的调整，包括黑色阶、白色阶、灰度系数，如图4-148所示。添加效果前后的对比效果，如图4-149和图4-150所示。

图 4-149　　　　　　图 4-150

4.10.8　阴影 / 高光

【阴影 / 高光】效果可以使画面中暗色区域变亮，从而使素材展现出更多细节，如图4-151所示。添加效果前后的对比效果，如图4-152和图4-153所示。

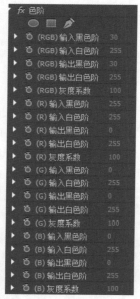

图 4-148

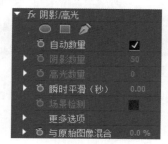

图 4-151

图 4-152　　　　　　图 4-153

4.11　过渡类视频特效

过渡类视频特效主要用于制作素材间的过渡效果，与转场特效相似，但该类特效可以单独对素材进行调整。【过渡】包含"块溶解""径向擦除""渐变擦除""百叶窗"和"线性擦除"5种特效。其面板如图4-154所示。

图 4-154

4.11.1　块溶解

【块溶解】类特效可以使素材产生随机板块溶解图像。其参数面板，如图 4-155 所示。添加效果前后的对比效果，如图 4-156 和图 4-157 所示。

图 4-155

图 4-156　　　　　图 4-157

- 【过渡完成】：设置素材过渡的百分比。
- 【块宽度】：设置块的宽度。
- 【块高度】：设置块的高度。
- 【羽化】：设置块边缘的羽化程度。
- 【柔化边缘（最佳品质）】：使块的边缘更柔和。

4.11.2　径向擦除

【径向擦除】效果可以擦除画面中的部分

区域，如图 4-158 所示。添加效果前后的对比效果，如图 4-159 和图 4-160 所示。

图 4-158

图 4-159　　　　　图 4-160

4.11.3　渐变擦除

【渐变擦除】特效是以某一轨道素材为条件，对素材进行擦除。其参数面板，如图 4-161 所示。添加效果前后的对比效果，如图 4-162 和图 4-163 所示。

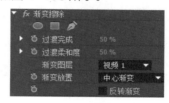

图 4-161

图 4-162　　　　　图 4-163

- 【过渡完成】：设置素材擦除的百分比。
- 【过渡柔和度】：设置边缘柔化程度。
- 【渐变图层】：选择渐变图层。
- 【渐变放置】：设置擦除的方式，包括平铺、中心渐变和拉伸 3 种方式。
- 【反转渐变】：可以反转擦除效果。

4.11.4 百叶窗

　　【百叶窗】效果可以让素材产生黑色百叶窗的特殊效果，如图 4-164 所示。添加效果前后的对比效果，如图 4-165 和图 4-166 所示。

图 4-164

图 4-165　　　　　　图 4-166

4.11.5 线性擦除

　　【线性擦除】特效可以使素材产生逐渐擦

除的效果。其参数面板，如图 4-167 所示。添加效果前后的对比效果，如图 4-168 和图 4-169 所示。

图 4-167

图 4-168　　　　　　图 4-169

- 【过渡完成】：设置素材擦除的百分比。
- 【擦除角度】：设置擦除的角度。
- 【羽化】：设置擦除边缘的羽化程度。

4.12 透视类视频特效

　　透视类特效主要是给视频素材添加各种透视效果。包括"基本 3D""投影""放射阴影""斜角边""斜面 Alpha"5 种特效。其面板如图 4-170 所示。

图 4-170

4.12.1 基本 3D

　　【基本 3D】特效是对素材进行旋转和倾斜的三维变换。其参数面板，如图 4-171 所示。添加效果前后的对比效果，如图 4-172 和图 4-173 所示。

- 【旋转】：设置素材旋转的角度。
- 【倾斜】：设置素材的倾斜程度。
- 【与图像的距离】：设置素材拉近或推远的距离。

- 【镜面高光】：设置素材上的反射高光效果。
- 【预览】：勾选【绘制预选线框】选项时，可以提高预览速度。

图 4-171

图 4-172　　　　　　图 4-173

4.12.2　斜角边

　　【斜角边】特效可以在素材上产生立体效果，并只对矩形的图像形状应用，不能在带有 Alpha 通道的图像上应用。其参数面板，如图 4-174 所示。添加效果前后的对比效果，如图 4-175 和图 4-176 所示。

图 4-174

图 4-175　　　　　　图 4-176

- 【边缘厚度】：设置边缘的厚度。
- 【光照角度】：设置灯光的角度。
- 【光照颜色】：设置灯光的颜色。
- 【光照强度】：设置灯光的强度。

4.12.3　斜面 Alpha

　　【斜面 Alpha】特效在 Alpha 通道素材上产生立体效果。其参数面板，如图 4-177 所示。

- 【边缘厚度】：设置边缘的厚度。
- 【光照角度】：设置灯光的角度。
- 【光照颜色】：设置灯光的颜色。
- 【光照强度】：设置灯光的强度。

图 4-177

4.13 通道类视频特效

　　通道类视频特效可以制作出"反转""复合运算""混合""算术"等效果。其面板如图 4-178 所示。

图 4-178

4.13.1　反转

【反转】效果可以让素材的色彩产生反转效果，从而产生令人充满想象的色彩幻觉。其参数面板，如图 4-179 所示。添加效果前后的对比效果，如图 4-180 和图 4-181 所示。

图 4-179

图 4-180　　　　　图 4-181

4.13.2　混合

【混合】效果是用一个指定的轨道与原素材进行混合。其参数面板，如图 4-182 所示。

图 4-182

- 【与图层混合】：指定要混合的第二个素材。
- 【模式】：设置混合的计算方式。
- 【与原始图层混合】：设置透明度的数值。
- 【如果图层大小不同】：指定素材层与原素材层大小不同时，可选择【伸展至适合】选项。

4.13.3　算术

算术效果可调节 RGB 通道值，而产生素材效果。其参数面板，如图 4-183 所示。

图 4-183

- 【运算符】：选择混合运算的数学方式。
- 【红色值】：设置红色通道的混合程度。
- 【绿色值】：设置绿色通道的混合程度。
- 【蓝色值】：设置蓝色通道的混合程度。
- 【剪切】：裁剪多余的混合信息。

4.13.4　计算

【计算】特效使素材的通道与原素材的通道进行混合。其参数面板，如图 4-184 所示。

图 4-184

- 【输入通道】：输入混合操作的提取和使用的通道。

- 【反转输入】：反转剪辑效果之前提取指定的通道信息。
- 【第二个源】：视频轨道与计算融合了原始剪辑。
- 【第二个图层通道】：混合输入通道的通道。
- 【第二个图层不透明度】：第二个视频轨道的透明度。

- 【反转第二个图层】：将反转指定素材的通道。
- 【伸展第二个图层以适合】：当指定素材层与原素材层大小不同时，可进行伸展适配。
- 【混合模式】：设置混合的模式。
- 【保持透明度】：确保不修改原图层的 Alpha 通道。

4.14 风格化类视频特效

风格化类视频特效用于模拟一些实际的绘画效果，使图像产生丰富的视觉效果。包括 13 种特效，其面板如图 4-185 所示。

图 4-185

4.14.1 Alpha 发光

【Alpha 发光】特效对含有 Alpha 通道的素材起作用，在通道的边缘部分产生渐变的发光效果。其参数面板，如图 4-186 所示。

图 4-186

- 【发光】：设置发光的范围。
- 【亮度】：设置发光的强度程度。
- 【起始颜色】：设置发光开始的颜色。
- 【结束颜色】：设置发光结束的颜色。
- 【淡出】：发光会逐渐衰退或者起始颜色和结束颜色之间产生平滑的过渡。

4.14.2 复制

【复制】效果可以让素材产生横向和纵向的复制效果。其参数面板，如图 4-187 所示。添加效果前后的对比效果，如图 4-188 和图 4-189 所示。

图 4-187

图 4-188 　　　　　图 4-189

4.14.3 彩色浮雕

【彩色浮雕】特效使素材产生彩色的浮雕效果。其参数面板，如图 4-190 所示。添加效果前后的对比效果，如图 4-191 和图 4-192 所示。

图 4-190

图 4-191　　　　　图 4-192

- 【方向】：设置浮雕的方向。
- 【起伏】：设置浮雕的尺寸。
- 【对比度】：设置浮雕的对比度。
- 【与原始图像混合】：设置原素材的混合比例。

4.14.4 抽帧

【抽帧】效果可以让素材产生出颜色的抽帧效果，变得层次更加分明。其参数面板，如图 4-193 所示。添加效果前后的对比效果，如图 4-194 和图 4-195 所示。

图 4-193

图 4-194　　　　　图 4-195

4.14.5 查找边缘

【查找边缘】效果可以让素材的边缘更清晰。其参数面板，如图 4-196 所示。添加效果前后的对比效果，如图 4-197 和图 4-198 所示。

图 4-196

图 4-197　　　　　图 4-198

4.14.6 浮雕

【浮雕】效果可以让素材产生浮雕起伏质感。其参数面板，如图 4-199 所示。添加效果前后的对比效果，如图 4-200 和图 4-201 所示。

图 4-199

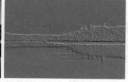

图 4-200　　　　　图 4-201

4.14.7 画笔描边

【画笔描边】特效可以使素材产生类似水彩画的效果。其参数面板，如图 4-202 所示。添加效果前后的对比效果，如图 4-203 和图 4-204 所示。

图 4-202

图 4-206

图 4-207

图 4-203　　　　　　图 4-204

- 【描边角度】：设置画笔描边的角度。
- 【画笔大小】：设置画笔的尺寸。
- 【描边长度】：设置每个描边笔触的长度。
- 【描边浓度】：设置描边的密度。
- 【描边浓度】：设置描边笔触的随机性。
- 【绘画表面】：设置笔触与画面的位置和绘画的进行方式。
- 【与原始图像混合】：设置与原素材图像的混合程度。

4.14.8　粗糙边缘

【粗糙边缘】效果可以让素材的四周产生黑晕，呈现黑暗恐怖的气氛。其参数面板，如图 4-205 所示。添加效果前后的对比效果，如图 4-206 和图 4-207 所示。

图 4-205

4.14.9　阈值

【阈值】效果可以让素材产生黑白的临界效果，对比非常明显。其参数面板，如图 4-208 所示。添加效果前后的对比效果，如图 4-209 和图 4-210 所示。

图 4-208

图 4-209　　　　　　图 4-210

4.14.10　马赛克

【马赛克】效果可以让素材产生均匀的马赛克质感。其参数面板，如图 4-211 所示。添加效果前后的对比效果，如图 4-212 和图 4-213 所示。

图 4-211

图 4-212　　　　　　图 4-213

提示：怎样将素材倒放？

倒放视频往往会产生不一样的效果，例如电影特效中爆炸物体由碎片重新组合成一个完整物体。其方法很简单，只需要在时间线上选择素材，如图4-214所示。

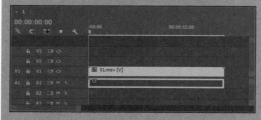

图 4-214

单击鼠标右键，选择【素材/持续时间】命令，如图4-215所示。

在弹出的【剪辑速度/持续时间】对话框中设置【速度】为-100，如图4-216所示。

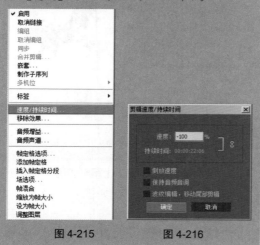

图 4-215　　　　图 4-216

视频特效实例：炫酷摩托车

实例类型：影视特效实例
难易程度：★★
实例思路：为素材添加闪电效果

01 打开Premiere软件，单击【新建项目】按钮，如图4-217所示。最后单击【确定】按钮，如图4-218所示。

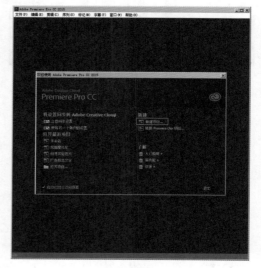

图 4-217

图 4-218

02 在菜单栏中执行【文件】|【新建】|【序列】命令，如图4-219所示。

图 4-219

03 在弹出的对话框中单击【确定】按钮，如图 4-220所示。

图 4-220

04 双击【项目】面板，然后导入素材01.jpg，如图4-221所示。

图 4-221

05 单击选择【项目】窗口的素材01.jpg，然后拖曳到【时间轴】窗口中，如图4-222所示。

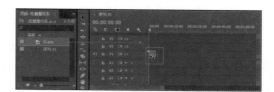

图 4-222

06 选择【时间轴】窗口中的素材01.jpg，并在【效果控件】面板中设置【位置】为360,326，设置【缩放】为42，如图4-223所示。

图 4-223

07 在【效果】面板中搜索"闪电"，此时在下方出现【闪电】效果，并单击拖曳到视频轨道的素材01.jpg上，如图4-224所示。

图 4-224

08 进入【效果控件】面板，设置【起始点】为355和828，【结束点】为646和600，设置【宽度变化】为0.3，【核心宽度】为0.5，【外部颜色】为青色，【混合模式】为【滤色】，如图4-225所示。

图 4-225

09 此时的效果如图4-226所示。

图 4-226

10 继续为素材添加两次【闪电】效果，如图4-227所示。

图 4-227

11 此时的效果，如图4-228所示。

图 4-228

12 继续为素材添加6次【闪电】效果，如图4-229所示。

图 4-229

13 此时的效果，如图4-230所示。

图 4-230

14 拖曳时间线，此时的效果如图4-231所示。

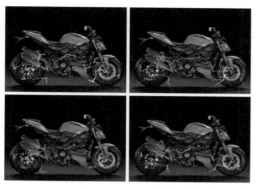

图 4-231

视频特效实例：模糊效果

实例类型：影视特效实例
难易程度：★★
实例思路：为素材添加高斯模糊效果

01 打开Premiere软件，然后单击【新建项目】按钮，如图4-232所示。最后单击【确定】按钮，如图4-233所示。

图 4-232

图 4-233

02 在菜单栏中执行【文件】|【新建】|【序列】命令，如图4-234所示。

图 4-234

03 在弹出的对话框中单击【确定】按钮，如图4-235所示。

图 4-235

04 双击【项目】面板，然后导入01.jpg、02.jpg素材，如图4-236所示。

图 4-236

05 单击选择【项目】窗口的素材01.jpg、02.jpg，然后拖曳到【时间轴】窗口中，如图4-237所示。

图 4-237

06 选择素材01.jpg，设置【缩放】为65，然后为素材01.jpg添加【高斯模糊】效果，并设置【模糊度】为40，如图4-238所示。

图 4-238

07 选择素材02.png，设置【缩放】为80，如图4-239所示。

图 4-239

08 此时的效果，如图4-240所示。

图 4-240

09 选择【时间轴】窗口中的素材01.jpg，然后将时间线向后拖曳，按快捷键Ctrl+C，然后按快捷键Ctrl+V，进行复制，如图4-241所示。

图 4-241

10 此时素材01.jpg被复制到了视频轨道V1中，那么需要单击并将其拖曳到视频轨道V3中，如图4-242所示。

图 4-242

11 选择视频轨道V3上刚才被复制出的素材01.jpg，然后删除其【高斯模糊】效果，并设置【位置】为360和342，【缩放】为24。为其添加【裁剪】效果，设置【左侧】为2，【顶部】为7，【右侧】为35，【底部】为32，如图4-243所示。

图 4-243

12 最终的效果，如图4-244所示。

图 4-244

视频特效实例：倒影效果

实例类型：影视特效实例
难易程度：★★
实例思路：为素材添加垂直翻转效果和裁剪效果

01 打开Premiere软件，单击【新建项目】按钮，如图4-245所示。最后单击【确定】按钮，如图4-246所示。

图 4-245

图 4-246

02 在菜单栏中执行【文件】|【新建】|【序列】命令，如图4-247所示。

图 4-247

03 在弹出的对话框中单击【确定】按钮，如图4-248所示。

图 4-248

04 双击【项目】面板，然后导入素材1.jpg，
如图4-249所示。

图 4-249

05 单击选择【项目】窗口的素材1.jpg，然后
拖曳到【时间轴】窗口中，如图4-250所示。

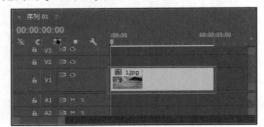

图 4-250

06 选择素材1.jpg，然后设置【缩放】为50，
如图4-251所示。

图 4-251

07 再次将素材1.jpg拖曳到视频轨道V2中，如
图4-252所示。

图 4-252

08 此时选择视频轨道V2上的素材，并设置
【缩放】为50，【不透明度】为40。然后为其
添加【垂直翻转】效果，继续添加【裁剪】效
果，设置【左侧】为0，【顶部】为36，【右
侧】为0，【底部】为0，如图4-253所示。

图 4-253

09 最终的效果，如图4-254所示。

图 4-254

合成特效实例：混合光效

实例类型：影视特效实例
难易程度：★★
实例思路：为素材设置混合模式，并创建文字

01 打开Premiere软件，单击【新建项目】按钮，如图4-255所示。最后单击【确定】按钮，如图4-256所示。

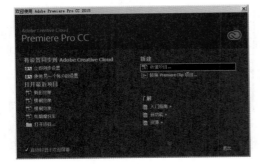

图 4-255

图 4-256

02 在菜单栏中执行【文件】|【新建】|【序列】命令，如图4-257所示。

图 4-257

03 在弹出的对话框中单击【确定】按钮，如图4-258所示。

图 4-258

04 双击【项目】面板，导入素材01.mov和2.jpg，如图4-259所示。

图 4-259

05 单击选择【项目】窗口的素材01.mov，拖曳到【时间轴】窗口中，如图4-260所示。

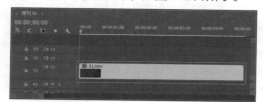

图 4-260

06 继续将素材2.jpg拖曳到视频轨道V2中，如图4-261所示。

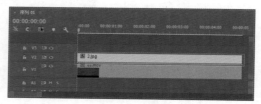

图 4-261

07 设置其【位置】为331和553，【缩放】为30，【不透明度】为100，【混合模式】为【叠加】，如图4-262所示。

图 4-262

08 在菜单栏中执行【字幕】|【新建字幕】|【默认静态字幕】命令，如图4-263所示。在弹出的对话框中单击【确定】按钮，如图4-264所示。

图 4-263

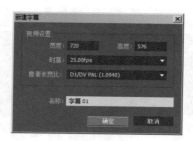

图 4-264

09 此时即可单击 T （文字）工具，并输入文字。接着在右侧设置【字体系列】和【字体样式】，如图4-265所示。

图 4-265

10 文字设置完成后，可将当前窗口关闭。将【项目】窗口中的【字幕01】拖曳到视频轨道V3中，如图4-266所示。

图 4-266

11 此时为文字设置动画。将时间线拖曳到0帧，单击【缩放】属性前方的 ⏱（切换动画）按钮，并设置数值为500。然后为其添加【高斯模糊】效果，单击【模糊度】属性前方的 ⏱（切换动画）按钮，并设置数值为100，如图4-267所示。将时间线拖曳到2秒，并设置【缩放】为100，然后设置【模糊度】为0，如图4-268所示。

图 4-267

图 4-268

12 拖曳时间线，此时的效果如图4-269所示。

图 4-269

视频特效实例：镜头光晕

实例类型：影视特效实例
难易程度：★★
实例思路：为素材添加镜头光晕效果

01 打开Premiere软件，然后单击【新建项目】按钮，如图4-270所示。最后单击【确定】按钮，如图4-271所示。

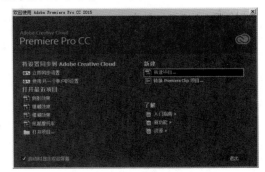

图 4-270

图 4-271

02 在菜单栏中执行【文件】|【新建】|【序列】命令，如图4-272所示。

图 4-272

03 在弹出的对话框中单击【确定】按钮，如图4-273所示。

图 4-273

04 双击【项目】面板，导入素材01.jpg，单击选择【项目】窗口的素材01.jpg，然后拖曳到【时间轴】窗口中，并设置【缩放】为72，如图4-274所示。

图 4-274

05 并为其添加【镜头光晕】效果，设置【光晕中心】为1100和280，【光晕亮度】为150，【镜头类型】为【35毫米定焦】，如图4-275所示。

图 4-275

06 添加【亮度和对比度】效果，并设置【亮度】为10，【对比度】为20，如图4-276所示。

图 4-276

07 最终的效果，如图4-277所示。

图 4-277

视频特效实例：爆炸电影特效

实例类型：影视特效实例
难易程度：★★
实例思路：为素材设置混合模式，并设置关键帧动画

01 打开Premiere软件，然后单击【新建项目】按钮，如图4-278所示。最后单击【确定】按钮，如图4-279所示。

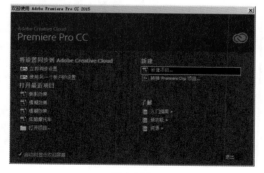

图 4-278

图 4-279

02 在菜单栏中执行【文件】|【新建】|【序列】命令，如图4-280所示。

图 4-280

03 在弹出的对话框中单击【确定】按钮，如图4-281所示。

图 4-281

04 双击【项目】面板，然后导入素材，如图4-282所示。

图 4-282

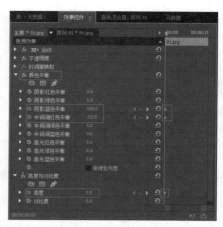

图 4-284

05 将素材01.jpg拖曳到【时间轴】窗口中的V1轨道中，并设置【缩放】为77，如图4-283所示。

图 4-283

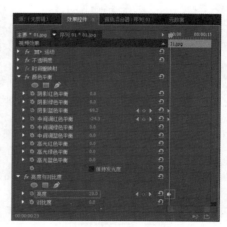

图 4-285

06 为素材01.jpg添加【颜色平衡】效果，并将时间线拖曳到0帧，单击【阴影蓝色平衡】属性前方的 ⏱ （切换动画）按钮，并设置数值为100。单击【中间调红色平衡】属性前方的 ⏱ （切换动画）按钮，并设置数值为-52。添加【亮度与对比度】效果，并将时间线拖曳到0帧，单击【亮度】属性前方的 ⏱ （切换动画）按钮，并设置数值为0，如图4-284所示。

07 将时间线拖曳到23帧，设置【亮度】为20，如图4-285所示。

08 继续将时间线拖曳到3秒22帧，设置【阴影蓝色平衡】为-30，【中间调红色平衡】为65，如图4-286所示。

图 4-286

09 继续将时间线拖曳到4秒13帧，设置【亮度】为50，如图4-287所示。

图 4-287

10 继续将时间线拖曳到7秒03帧，设置【亮度】为0，如图4-288所示。

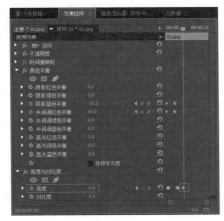

图 4-288

11 将素材side_fire_bursts_07.mp4拖曳到视频轨道V2中，如图4-289所示。

图 4-289

12 设置该素材的【缩放】为196，【混合模式】为【线性减淡（添加）】，如图4-290所示。

图 4-290

13 拖曳时间线，此时的效果如图4-291所示。

图 4-291

14 将素材fireball_explosion_11.mp4拖曳到视频轨道V3中，如图4-292所示。

图 4-292

15 设置该素材的【混合模式】为【线性减淡（添加）】，如图4-293所示。

图 4-293

16 此时的效果，如图4-294所示。

图 4-294

17 继续将素材smoke_charge_02.mp4拖曳到视频轨道V4中，如图4-295所示。

图 4-295

18 设置该素材的【位置】为238和288，设置【缩放】为130，设置【混合模式】为【线性减淡（添加）】，如图4-296所示。

图 4-296

19 此时的效果，如图4-297所示。

20 单击使用 （剃刀）工具，然后单击V4轨道上的素材进行切割，如图4-298所示。

图 4-297

图 4-298

21 继续将其他轨道上的素材进行切割，如图4-299所示。

图 4-299

22 使用 （选择）工具选择切割后多余的后半部分素材，如图4-300所示。并按键盘上的Delete键进行删除，如图4-301所示。

图 4-300

图 4-301

图 4-302

23 拖曳时间线，此时的效果如图4-302所示。

4.15 拓展练习：手电筒特效

实例类型：影视特效实例
难易程度：★★
实例思路：为素材添加光照效果，并设置关键帧动画

　　导入素材，如图 4-303 所示。为素材添加【光照效果】效果，并为其设置动画，如图 4-304 所示。

图 4-303

图 4-304

第5章

电视广告设计：字幕效果的应用

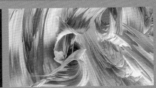

本章学习要点：
- 字幕工具
- 字幕列表
- 标题动作
- 字幕属性
- 字幕样式

5.1　认识电视广告设计

电视广告设计是一种经由电视传播的广告形式，用来宣传商品、服务、概念等。电视广告内容包含了图像、声音、文字等基本内容，是一种较为综合的信息传播方式。电视广告中的字幕包括字体设计、文字排列、色彩设计、图形设计、质感设计等元素。

5.1.1　字体设计

字体设计作为一个元素，辅助并完善广告设计，使广告画面更具有易读性。不同的字体会产生不同的文字情感，如标准样式的字体，适合新闻类电视节目；而运动感强字体更适合运动类电视节目，如图 5-1 所示。

图 5-1

5.1.2　文字排列

文字要想取得良好的视觉排列效果，需要对文字构图和排列效果进行设计处理，使文字设计富于创造性、协调美、组合美。文字排列多需要把握整体风格统一、局部变化，也可在字体风格、大小、位置上进行设计，如图 5-2 所示。

图 5-2

5.1.3　色彩设计

色彩在任何设计中都是最重要的元素之一，不同色彩的文字，可以传递给观众不同的情绪。如红色字幕令人感觉更炙热、激情；绿色字幕令人感觉更自然、清新、环保，如图 5-3 所示。

图 5-3

5.1.4　图形设计

电视广告字幕的图形设计，含义较为丰富。在电视传播特定的语境及特定的图像情景之中，文本的意义和情感得到较为明晰的传达。具有特殊造型的文字图形，更会让观者印象深刻，如图 5-4 所示。

图 5-4

5.1.5　质感设计

质感是为字幕增添特殊效果的，可增强字幕的视觉美感。适合的质感会产生更生动、更形象、更直观的字幕效果。如果运用得当，能够吸引观众的眼球，起到强化创意主题、强调商品品牌，以及参与画面构图等诸多功能性作用，如图 5-5 所示。

图 5-5

5.2 字幕工具

【字幕工具】可用于创建标题和片头片尾字幕，也可用于创建动画合成，如图 5-6 所示为其工具面板。字幕工具面板中提供了选择文字、制作文字、编辑文字和绘制图形的各种基本工具。其工具箱，如图 5-7 所示。

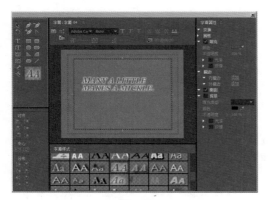

图 5-6

图 5-7

- 选择工具：用于对工作区中的对象进行选择。

- 旋转工具：在对象周边的 6 个控制点上拖曳鼠标可进行旋转。按 V 键可以在选取工具和旋转工具之间切换。

- 文字工具：在工作区中单击，然后输入文字，文字呈水平方向从左到右排列。

- 垂直文字工具：在工作区中输入的文字将自动从上向下、从右到左纵向排列。

- 区域文字工具：在工作区拖曳出一个矩形框以便输入多行文字。

- 垂直区域文字工具：选在工作区拖曳出一个矩形框以便输入多列文字。

- 路径文字工具：使输入的文字沿着绘制的路径进行排列。在工作区绘制出贝塞尔曲线，然后在路径上直接输入文本即可。

- 垂直路径文字工具：输入的字符和路径是平行的。

- 钢笔工具：用来选取贝塞尔曲线上的点和点的控制手柄。

- 删除锚点工具：单击贝塞尔曲线上的控制点即可删除该点。

- 添加锚点工具：在贝塞尔曲线上单击即可添加控制点。

- 转换锚点工具：按住控制点使用两条（外切）切线对该点处的弧度进行修改。若选中该工具后单击控制点，则该点处的曲线将转换为内切形式。

- 矩形工具：在工作区域中绘制一个矩形。

- 圆形矩形工具：可以绘制出拐角处是弧形的矩形。

- 切角矩形工具：可以绘制出八角形。

- 圆角矩形工具：更加圆角化的拐角矩形，按住 Shift 键可绘制出正圆形。

- 楔形工具：可以绘制出任意形状的三角形。按住 Shift 键后可绘制一个等腰三角形。

- 弧形工具：可以绘制任意弧度的弧形。按住 Shift 键后可以绘制一个 90° 的扇形。

- 椭圆工具：可以绘制出椭圆形。按住 Shift 键后可绘制出一个正圆形。

● ◢直线工具：可以绘制出一个线段。按住 Shift 键后可绘制出 45°整数倍方向的线段。

5.2.1　创建默认静态字幕

01 执行【字幕】|【新建字幕】|【默认静态字幕】命令，如图5-8所示。并在弹出的对话框中单击【确定】按钮，如图5-9所示。

图 5-8

图 5-9

02 弹出字幕对话框，如图5-10所示。

图 5-10

03 单击 T【文字】工具，在画面中单击即可开始创建文字，如图5-11所示。

图 5-11

04 文字创建完成后，可以为其设置字体类型，如图5-12所示。

图 5-12

05 调节文字位置，如图5-13所示。

图 5-13

5.2.2　创建图形

01 Premiere不仅可以通过字幕创建文字效果，还可以创建图形。首先可以在【项目】面板中右击，执行【新建项目】|【颜色遮罩】命令，如图5-14所示。在弹出的对话框中单击【确定】按钮，如图5-15所示。

图 5-14

图 5-15

02 设置颜色，并单击【确定】按钮，如图5-16所示。在弹出的对话框中，单击【确定】按钮，如图5-17所示。

图 5-16

图 5-17

03 把【项目】窗口中的颜色遮罩拖曳到【时间轴】窗口中。在菜单栏中执行【字幕】|【新建字幕】|【默认静态字幕】命令，选择▣（矩形）工具，拖曳绘制一个矩形，并且可以调整其颜色，如图5-18所示。

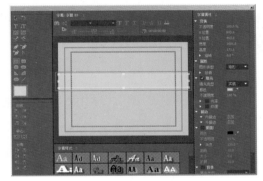

图 5-18

04 还可以将图形进行旋转，设置参数，如图5-19所示。

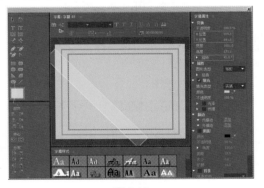

图 5-19

05 采用同样的方法创建图形并旋转，如图5-20所示。

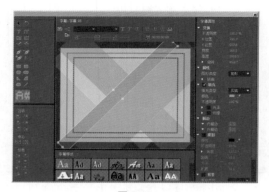

图 5-20

06 与制作文字的方法相同，都需要单击窗口右上方的 ✖ 按钮，并将其拖到【时间轴】窗口中，效果如图5-21所示。

图 5-21

5.2.3　创建滚动的字幕效果

01 执行【字幕】|【新建字幕】|【默认滚动字幕】命令，如图5-22所示。

图 5-22

02 在弹出的字幕面板中单击 T （文字）工具，单击拖曳绘制一个区域，如图5-23所示。

图 5-23

03 在该区域中输入文字，并设置文字的颜色、字体等属性，如图5-24所示。

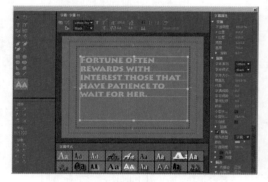

图 5-24

04 单击 ▦ （滚动/游动选项）按钮，在弹出的对话框中选择【向左游动】选项，并勾选【开始于屏幕外】和【结束于屏幕外】选项，如图5-25所示。

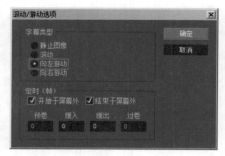

图 5-25

05 动画制作完成后，将字幕拖曳到时间轴的轨道上，并拖曳时间线，效果如图5-26所示。

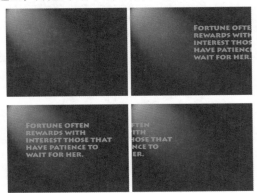

图 5-26

> **提示：如何添加新的字体**
>
> 很多时候Premiere在创建文字时，需要借助新的字体去匹配当前的画面效果。那么，可以在网络上下载需要的字体后，安装到计算机中，然后重新打开Premiere文件，即可使用刚安装的字体了。具体安装方法很简单，只需要将字体复制到指定文件夹中即可。
>
> 步骤1：执行【开始】|【控制面板】命令，如图5-27所示。

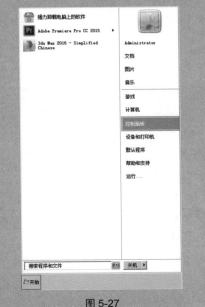

图 5-27

步骤2：在弹出的面板中单击【字体】选项，如图5-28所示。

图 5-28

步骤3：将字体复制到该文件夹即可。接下来需要重新打开一次Premiere文件，并更换字体，如图5-29所示。

图 5-29

5.3 字幕列表

在【字幕列表】中可以设置字体的类型、粗体、斜体、靠左、居中、右侧等基本参数，如图5-30所示。

图 5-30

- （字幕列表）：在创建了多个字幕时，可以在不关闭字幕窗口的情况下进行切换。
- （基于当前字幕新建字幕）：在当前字幕的基础上新建一个字幕。
- （滚动/游动选项）：可设置字幕的类型、滚动方向和时间帧设置，如图5-5所示。
- 静止图像：静态的字幕。
- 滚动：设置字幕沿垂直方向滚动。勾选【开始于屏幕外】和【结束于屏幕外】选项，字幕将从下至上滚动。
- 向左游动：字幕沿向左滚动。
- 向右游动：字幕沿向右滚动。
- 开始于屏幕外：勾选该选项，字幕从屏幕外开始滚入。

- 结束于屏幕外：勾选该选项，字幕滚到屏幕外结束。
- 预卷：设置字幕滚动的开始帧数。
- 缓入：设置字幕从滚动开始缓入的帧数。
- 缓出：设置字幕缓出结束的帧数。
- Postroll（过卷）：设置字幕滚动的结束帧数。
- （字体）：设置字体，可在下拉列表中选择字体。
- （字体风格）：设置字体的风格。如（加粗）、（倾斜）、（下划线）。
- （大小）：设置文字的大小。
- （字偶字距）：设置文字的间距。
- （行距）：设置文字的行距。
- （靠左）、（居中）、（右侧）：设置文字的对齐方式。
- （显示背景视频）：单击该按钮显示字幕背景；关闭该按钮不显示字幕背景。

5.4 标题动作

【标题动作】用于选择对象的对齐与分布方式。其参数面板，如图5-31所示。

图 5-31

- （水平靠左）：选择的对象以最左边的像素对齐。
- （垂直靠上）：选择的对象以最上方的像素对齐。
- （水平居中）：选择的对象以水平中心的像素对齐。
- （垂直居中）：选择的对象以垂直中心的像素对齐。

- ▣（水平靠右）：选择的对象以最右边的像素对齐。
- ▣（垂直靠下）：选择的对象以最下方的像素对齐。
- ▣（水平居中）：选择的对象与预演窗口在水平方向居中对齐。
- ▣（垂直居中）：选择的对象与预演窗口在垂直方向居中对齐。
- ▣（水平靠左）：选择的对象都以最左边的像素对齐。
- ▣（垂直靠上）：选择的对象都以最上方的像素对齐。

- ▣（水平居中）：选择的对象都以水平中心的像素对齐。
- ▣（垂直居中）：选择的对象都以垂直中心的像素对齐。
- ▣（水平靠右）：选择的对象都以最右边的像素对齐。
- ▣（垂直靠下）：选择的对象都以最下方的像素对齐。
- ▣（水平等距间隔）：选择的对象水平间距平均分布。
- ▣（垂直等距间隔）：选择的对象垂直间距平均分布。

5.5　字幕属性

字幕属性面板用于更改文字属性。其参数面板，如图 5-32 所示。

图 5-32

- 不透明度：控制选择对象的不透明度。
- X 位置：设置在 X 轴的位置。
- Y 位置：设置在 Y 轴的位置。
- 宽度：设置所选对象的水平宽度。

- 高度：设置所选对象的垂直高度。
- 旋转：设置所选对象的旋转角度。
- 字体系列：设置当前文字的字体。
- 字体样式：设置当前文字的字形。
- 字体大小：设置文字的大小。
- 方向：设置文字的长度和宽度的比例。
- 行距：设置文字的行间距或列间距。
- 字偶间距：设置文字的字间距。
- 字符间距：在字距设置的基础上进一步设置文字的字距。
- 基线位移：用来调整文字的基线位置。
- 倾斜：调整文字倾斜度。
- 小型大写字母：设置英文为小尺寸大写字母。
- 小型大写字母大小：设置大写字母的大小。
- 下划线：为选择文字添加下划线。
- 扭曲：将文字进行 X 轴或 Y 轴方向的扭曲变形。
- 填充类型：可以设置填充的类型。其中

包括实底、线性渐变、径向渐变、四色
渐变、斜面、消除和重影 7 种。

- 光泽：用于为文字添加光泽效果。
- 颜色：设置文字的光泽颜色。
- 不透明度：设置文字光泽的透明度。
- 大小：设置文字的光泽大小。
- 角度：设置文字光泽的旋转角度。
- 偏移：设置光泽在文字上的位置。
- 纹理：用于为文字添加纹理效果。
- 纹理：单击右侧方格即可选择一张图片
  作为纹理填充。
- 内描边：在文字内侧添加描边。
- 颜色：设置阴影颜色。
- 不透明度：设置阴影的透明度。
- 角度：设置阴影的角度。
- 距离：设置阴影与素材之间的距离。
- 大小：设置阴影的大小。
- 扩展：设置阴影的扩展程度。

5.5.1　设置文字基本属性

创建文字后，可以通过设置字幕属性的相
关参数，调整文字的属性，例如位置、大小、
字体等，如图 5-33 所示。

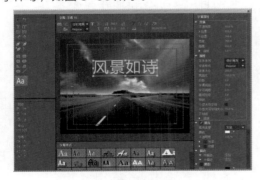

图 5-33

5.5.2　设置文字填充和描边属性

01 还可以制作填充和描边效果，如图 5-34
所示。

图 5-34

02 制作完成后，单击窗口右上方的 ⊠ 按钮。
此时在【项目】窗口中看到刚才创建的文字
【字幕01】，如图5-35所示。

图 5-35

03 将【项目】窗口中的【字幕01】拖曳到时
间轴的轨道上，如图5-36所示。

图 5-36

04 此时的效果，如图5-37所示。

图 5-37

5.6　字幕样式

【字幕样式】是 Premiere 中系统自带的字幕效果，是系统已经设置好的效果。列表中为字幕样式，单击█按钮，可以弹出参数面板，如图 5-38 所示。

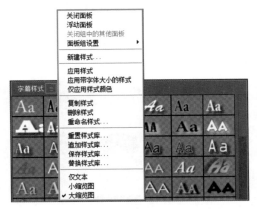

图 5-38

- 浮动面板、浮动帧、关闭面板、关闭帧、最大化帧：对窗口进行调整。
- 新建样式：单击该按钮可新建样式。
- 应用样式：可对文字运用设置好的样式。
- 应用带字体大小的样式：文字应用样式时，应用该样式的全部属性。
- 仅应用样式颜色：文字应用样式时，只应用该样式的颜色效果。
- 复制样式：选择样式后，选择该选项可对样式进行复制。
- 删除样式：可将不需要的样式清除。
- 重命名样式：可对样式进行重命名。
- 重置样式库：还原样式库。
- 追加样式库：可添加样式种类，选中要添加的样式单击打开即可。
- 保存样式库：为样式库重命名后单击【保存】按钮。
- 替换样式库：可用选择打开的样式库替换原来的样式库。
- 仅文字：可让样式库中只显示样式的名称。

- 小缩略图、大缩略图：可调整样式库的图标显示大小。

可以在【字幕样式】中设置类型，效果如图 5-39~ 图 5-42 所示。

图 5-39

图 5-40

图 5-41

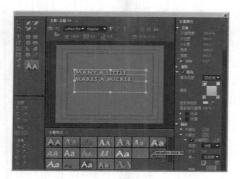

图 5-42.

字幕实例：电影字幕

实例类型：电影字幕
难易程度：★★
实例思路：椭圆工具绘制遮罩，创建文字

01 打开Premiere软件，单击【新建项目】按钮，如图5-43所示。最后单击【确定】按钮，如图5-44所示。

图 5-43

图 5-44

02 在菜单栏中执行【文件】|【新建】|【序列】命令，如图5-45所示。

图 5-45

03 在弹出的对话框中单击【确定】按钮，如图5-46所示。

图 5-46

04 双击【项目】面板，然后导入素材01.jpg，单击选择【项目】窗口的素材01.jpg，拖曳到【时间轴】窗口中，并设置【缩放】为14，如图5-47所示。此时的效果如图5-48所示。

图 5-47

图 5-48

05 在菜单栏中执行【字幕】|【新建字幕】|【默认静态字幕】命令，如图5-49所示。在弹出的对话框中单击【确定】按钮，如图5-50所示。

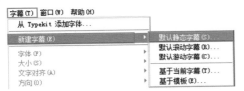

图 5-49

图 5-50

06 此时即可单击 （椭圆）工具，并单击拖曳绘制一个椭圆形，如图5-51所示。

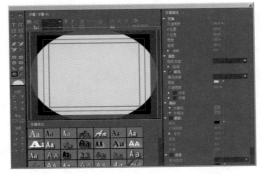

图 5-51

07 关闭【字幕】窗口，并将【项目】窗口中的【字幕01】拖曳到视频轨道V2中，并设置【不透明度】为80，如图5-52所示。

图 5-52

08 此时的效果，如图5-53所示。

图 5-53

09 为素材01.jpg添加【轨道遮罩键】效果，并设置【遮罩】为【视频2】，【合成方式】为【Alpha遮罩】，如图5-54所示。

图 5-54

10 此时的效果，如图5-55所示。

图 5-55

11 为字幕01添加【高斯模糊】效果，并设置【模糊度】为130，如图5-56所示。

图 5-56

12 此时的效果，如图5-57所示。

图 5-57

13 执行【字幕】|【新建字幕】|【默认静态字幕】命令，如图5-58所示。在弹出的对话框中单击【确定】按钮，如图5-59所示。

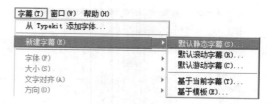

图 5-58

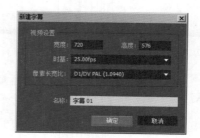

图 5-59

14 此时即可单击 T（文字）工具，并输入文字。接着在右侧设置【字体系列】、【字体样式】、【字体大小】，如图5-60所示。

图 5-60

15 文字设置完成后，可将当前窗口关闭。然后将【项目】窗口中的【字幕01】拖曳到视频轨道V3中，如图5-61所示。

图 5-61

字幕实例：广告标志文字

实例类型：广告文字
难易程度：★★
实例思路：创建文字，并设置描边等属性

01 打开Premiere软件，单击【新建项目】按钮，如图5-62所示。最后单击【确定】按钮，如图5-63所示。

图 5-62

图 5-63

02 双击【项目】窗口，并将素材01.jpg、02.png、03.png导入进该窗口，如图5-64所

示。然后依次将素材01.jpg、02.png、03.png拖曳到视频轨道V1、V2、V5中，如图5-65所示。

图 5-64

图 5-65

03 此时的效果，如图5-66所示。

图 5-66

04 执行【字幕】|【新建字幕】|【默认静态字幕】命令，如图5-67所示。在弹出的对话框中单击【确定】按钮，如图5-68所示。

图 5-67

图 5-68

05 此时即可单击 T （文字）工具，并输入文字。接着在右侧设置相关参数，如图5-69所示。

图 5-69

06 文字设置完成后，可将当前窗口关闭。然后将【项目】窗口中的【字幕01】拖曳到视频轨道V3中，如图5-70所示。

图 5-70

07 选择刚创建的文字，并设置【位置】为750和519.5，设置【旋转】为-10，如图5-71所示。

图 5-71

08 继续创建文字，并设置文字的参数，如图5-72所示。

图 5-72

09 文字设置完成后，可将当前窗口关闭。然后将【项目】窗口中的【字幕01】拖曳到视频轨道V4中，如图5-73所示。

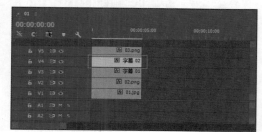

图 5-73

10 最终的效果，如图5-74所示。

图 5-74

字幕实例：炫酷文字	
实例类型：	特效文字
难易程度：	★★
实例思路：	创建文字，并应用字幕样式

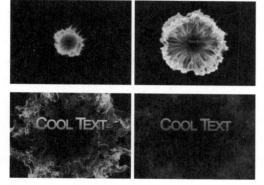

01 打开Premiere软件，然后单击【新建项目】按钮，如图5-75所示。最后单击【确定】按钮，如图5-76所示。

图 5-75

图 5-76

02 双击【项目】窗口，并将素材Shockwave_ 01.mov导入进该窗口，如图5-77所示。并该素材拖曳到视频轨道V1中，如图5-78所示。

图 5-77

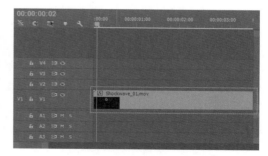

图 5-78

03 在【项目】窗口中右击执行【新建项目】|【颜色遮罩】命令，如图5-79所示。并在弹出的对话框中单击【确定】按钮，如图5-80所示。

图 5-79

图 5-80

04 继续在弹出的窗口中设置颜色为绿色，并命名为【颜色遮罩】，如图5-81所示。

图 5-81

05 将【项目】窗口中的【颜色遮罩】拖曳到视频轨道V2中，如图5-82所示。然后设置其【混合模式】为【叠加】，如图5-83所示。

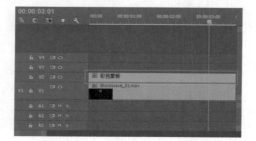

图 5-82

图 5-83

06 拖曳时间线，此时的效果如图5-84和图5-85所示。

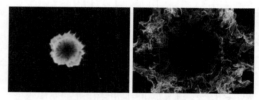

图 5-84　　　　图 5-85

07 执行【字幕】｜【新建字幕】｜【默认静态字幕】命令，如图5-86所示。在弹出的对话框中单击【确定】按钮，如图5-87所示。

图 5-86

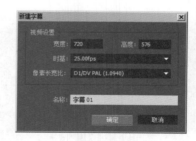

图 5-87

08 此时即可单击 T （文字）工具，并输入文字，然后在下方【字幕样式】窗口中选择一种合适的类型。接着在右侧设置【字体系列】、【字体样式】、【字符间距】参数，如图5-88所示。

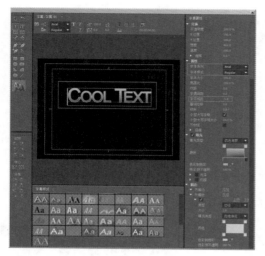

图 5-88

09 文字设置完成后，可将当前窗口关闭。然后将【项目】窗口中的【字幕01】拖曳到视频轨道V3中。然后将时间线拖曳到0帧，单击【缩放】属性前方的 ⏱（切换动画）按钮，并设置数值为0。单击【不透明度】属性前方的 ⏱（切换动画）按钮，并设置数值为0，如图5-89所示。

图 5-89

10 将时间线拖曳到1秒，设置【不透明度】为100，如图5-90所示。

图 5-90

11 将时间线拖曳到2秒，设置【缩放】为100，如图5-91所示。

图 5-91

12 将时间线拖曳到3秒，设置【不透明度】为100，如图5-92所示。

图 5-92

13 将时间线拖曳到4秒，设置【不透明度】为0，如图5-93所示。

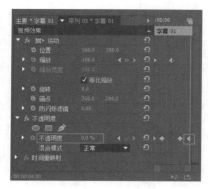

图 5-93

图 5-94（续）

14 拖曳时间线，最终效果如图5-94所示。

字幕实例：旅行的意义

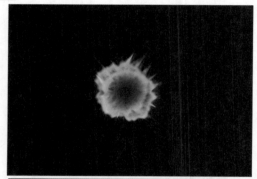

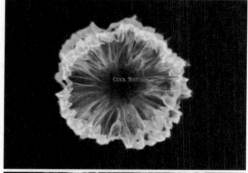

图 5-94

实例类型：	电视栏目包装文字
难易程度：	★★
实例思路：	创建文字，并应用字幕样式

01 打开Premiere软件，然后单击【新建项目】按钮，如图5-95所示。最后单击【确定】按钮，如图5-96所示。

图 5-95

图 5-96

02 双击【项目】窗口，并将素材01.jpg导入进该窗口，如图5-97所示。然后将该素材拖曳到视频轨道V1中，如图5-98所示。

图 5-97

图 5-98

03 为素材01.jpg添加【高斯模糊】效果，然后将时间线拖曳到0帧，单击【模糊度】属性前方的（切换动画）按钮，并设置数值为0，如图5-99所示。

图 5-99

04 继续将时间线拖曳到3秒，设置数值为20，如图5-100所示。

图 5-100

05 执行【字幕】|【新建字幕】|【默认静态字幕】命令，如图5-101所示。在弹出的对话框中单击【确定】按钮，如图5-102所示。

图 5-101

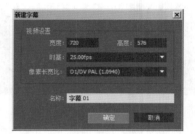

图 5-102

06 此时即可单击 T （文字）工具，并输入文字，然后在下方字幕样式窗口中选择一种合适的类型。接着在右侧设置【字体系列】、【字体样式】、【填充颜色】参数，如图5-103所示。

图 5-103

07 文字设置完成后，可将当前窗口关闭。然后将【项目】窗口中的【字幕01】拖曳到视频轨道V2中。然后将时间线拖曳到0帧，单击【位置】属性前方的 ⏱ （切换动画）按钮，并设置数值为825和-36。继续将时间线拖曳到3秒，设置数值为825和577，如图5-104和图5-105所示。

图 5-104

图 5-105

08 拖曳时间线，最终效果如图5-106所示。

图 5-106

图 5-106（续）

5.7 拓展练习：科幻频道片头文字

实例类型：电视栏目包装文字
难易程度：★★
实例思路：创建文字，并添加 Alpha 发光效果

导入素材，如图 5-107 所示。创建文字，并为其添加【Alpha 发光】效果，如图 5-108 所示。

图 5-107

5-108

第 6 章

音乐宣传片设计：音频特效

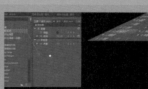

本章学习要点：

- 编辑音频
- 音频效果
- 音频过渡
- 音频混合器

6.1 认识音乐宣传片设计

音乐宣传片是视听效果的结合体，视觉固然重要，可以令人眼前一亮，但音乐也不容忽视，合适的配乐会令人幸福满满、潸然泪下。在 Premiere 中包含了多种音频效果，通过这些音频效果的合理应用，能够模拟出很多需要的声音特效。

根据声音应用的目的不同，分为人物配音、动物音效、自然音效、日常生活音效、交通工具音效、舞曲音效、战争音效、恐怖音效、环绕音效等。

6.2 编辑音频

音频与视频一样，都可以为其添加效果。在 Premiere 中有 46 种音频效果，3 种音频过渡，不仅可以通过音频效果和音频过渡对音频进行编辑，也可以在【效果控件】面板的【音频效果】中修改参数。

6.2.1 认识音频效果面板

【音频控件】面板是 Premiere 中控制音频最常用的参数面板，包括旁路、级别、声像，如图 6-1 所示。

图 6-1

- 旁路：临时关闭添加的效果，以方便与原始声音进行对比。
- 级别：控制声音的大小。
- 声像：控制左右声道的平衡效果。

6.2.2 添加和删除音频效果

1. 添加音频效果

在效果面板中，单击展开【音频效果】组，

可以看到下面包括了很多效果。选择需要的音频效果，单击拖曳进行添加，如图 6-2 所示。

图 6-2

2. 删除音频效果

选择音频素材，按 Delete 键，即可完成删除操作，如图 6-3 和图 6-4 所示。

图 6-3

图 6-4

6.2.3　添加和删除关键帧

1.　添加关键帧

将时间线拖曳到 0 帧，并单击【级别】属性前方的 ◎（切换动画）按钮，如图 6-5 所示。

图 6-5

将时间线拖曳到 10 帧，并设置【级别】为 1，如图 6-6 所示。

图 6-6

将时间线拖曳到 20 帧，并单击 ◇（添加 / 删除关键帧）按钮，如图 6-7 所示。

图 6-7

将时间线拖曳到 30 帧，并设置【级别】为 0，如图 6-8 所示。

图 6-8

2.　删除关键帧

删除关键帧非常简单，选择要删除的关键帧，按 Delete 键即可删除。

> **提示：如何将视频和音频分开**
>
> 在【时间轴】窗口中的素材上，右击执行【取消链接】命令，如图 6-9 所示。
>
>
>
> 图 6-9
>
> 此时可以看到视频和音频被分开了，可以单击只选择音频，如图 6-10 所示。
>
>
>
> 图 6-10
>
> 此时即可进行其他操作，例如为音频添加音频特效，或删除音频，如图 6-11 所示。
>
>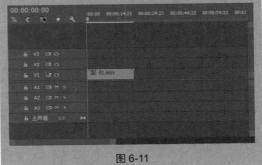
>
> 图 6-11

6.3 音频效果

【音频效果】包含几十种与音频相关的效果，通过这些效果可以让声音变得更有魔力。此处选取 9 种常用的音频效果进行讲解，如图 6-12 所示为【音频效果】面板。

图 6-12

- 级别：设置回声的音量。
- 混合：设置回声和音频的混合程度。

6.3.2 带通

【带通】可以消除音频中不需要的高频或低频，还可以去除在录制过程中产生的电源噪声。其参数面板，如图 6-14 所示。

- 中心：指定音频的调整范围。
- Q：调节强度。

图 6-14

6.3.1 多功能延迟

多功能延迟效果为剪辑中的原始音频添加最多 4 个回声。此效果适用于 5.1、立体声或单声道剪辑。其参数面板，如图 6-13 所示。

图 6-13

- 延迟：设置回声和原音频素材的延迟时间。
- 反馈：设置回声反馈的强度。

6.3.3 Chorus

【Chorus（和声）】可以制作和声效果。其参数面板，如图 6-15 所示。

- Lfo Type（和声处理类型）：设置和声的类型。
- Rate（速率）：设置和声频率和素材的速率。
- Depth（深度）：设置和声频率的幅度变化值。
- Mix（混合）：设置和声特效和原素材的混合程度。
- FeedBack（反馈）：设置和声的反馈程度。
- Delay（延迟）：设置和声的延迟时间。

图 6-15

6.3.4 反转

【反转】效果反转所有声道的相位。此效果适用于 5.1、立体声或单声道剪辑。该特效面板参数，如图 6-16 所示。

图 6-16

6.3.5 延迟

【延迟】可以为音频素材添加回声效果。该特效面板参数，如图 6-17 所示。

图 6-17

- 延迟：设置回声的延迟延续时间。
- 反馈：设置回声的强弱。
- 混合：设置混响的强度。

6.3.6 消除齿音

【消除齿音】效果消除齿音和其他高频 SSS 类型的声音，这类声音通常是在解说员或歌手发出字母 s 和 t 的读音时产生的。此效果适用于 5.1、立体声或单声道剪辑。该特效面板参数，如图 6-18 所示。

图 6-18

6.3.7 音量

【音量】用于调节音频素材的音量。其参数面板，如图 6-19 所示。

图 6-19

- 级别：调节音频的音量。

6.3.8 消除嗡嗡声效果

【消除嗡嗡声】效果从音频中消除不需要的 50Hz/60Hz 的嗡嗡声。此效果适用于 5.1、立体声或单声道剪辑。其参数面板，如图 6-20 所示。

图 6-20

6.3.9 延迟

【延迟】效果添加音频剪辑声音的回声，用于在指定时间量之后播放。此效果适用于 5.1、立体声或单声道剪辑，如图 6-21 所示。

图 6-21

- 延迟：指定在回声播放之前的时间量，最大值为 2 秒。
- 反馈：指定往回添加到延迟（以创建多个衰减回声）的延迟信号比例。
- 混合：控制回声的量。

6.4 音频过渡

Premiere 包括 3 种音频过渡类型，分别为恒定功率、恒定增益和指数淡化，如图 6-22 所示。

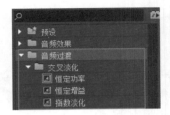

图 6-22

6.4.1 恒定功率

【恒定功率】是利用曲线淡化方法将音频 A 过渡到音频 B。其参数面板，如图 6-23 所示。

图 6-23

6.4.2 恒定增益

【恒定增益】是利用淡化效果将音频 A 过渡到音频 B，可以制作出淡入淡出效果。其参数面板，如图 6-24 所示。

图 6-24

- 中心切入：在两个音频素材的中心处。
- 起点切入：在第二段音频素材的开始处。
- 终点切入：在第一段音频素材的结束处。
- 自定义起点：自定义开始转场开始与结束。

6.4.3 指数淡化

【指数淡化】利用指数线性淡化的方法，将音频 A 过渡到音频 B。其参数面板，如图 6-25 所示。

图 6-25

6.5 音频混合器

利用音频剪辑混合器，在音频剪辑混合器成为焦点之前，若音频轨道混合器或节目监视器最近为焦点的频率比【源监视器】面板更高，可以在【时间轴】中的播放指示器下调节剪辑的音量和平移，如图 6-26 所示。

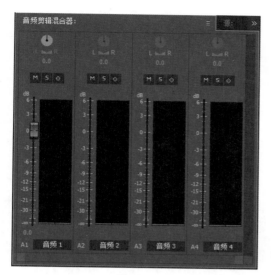

图 6-26

1. 轨道名称

【轨道名称】主要是显示音频的轨道。其参数面板，如图 6-27 所示。

图 6-27

2. 自动模式

【自动模式】主要用于选择控制的方式，包括【关】、【读取】、【闭锁】、【触动】和【写入】。其参数面板，如图 6-28 所示。

图 6-28

- 关：关闭模式，忽略所有自动控制的操作。
- 读取：只读取之前对音频轨道的修改变化，忽略当前操作。
- 闭锁：在锁定模式下，对音频轨道的修改都会记录为关键帧动画，并保持在最后一帧的状态。
- 触动：在触动模式下，对音频轨道的修改也会记录为关键帧动画，但在操作结束后会自动回到触动编辑前的状态。
- 写入：基于音频轨道控制的当前位置修改先前保存的音量等级和摇摆 / 均衡数据。在录制期间，不必拖曳控件即可自动写入系统所作的处理。

3. 摇摆 / 均衡控制

【摇摆 / 均衡控制】在每个音轨上都有，其作用是将单声道的音频素材在左右声道进行切换，最后将其平衡为立体声。负值代表左声道，正值代表右声道。其参数面板，如图 6-29 所示。

图 6-29

4. 轨道状态控制

【轨道状态控制】主要用于控制当前音频轨道的状态。其参数面板，如图 6-30 所示。

图 6-30

- M（静音轨道）：单击该按钮，音频播放为静音。
- S（独奏轨道）：单击该按钮，只播放单一轨道上的音频素材，其他轨道上的音频为静音。
- R（音频信号录制轨道）：单击该按钮，将外部音频设备输入的音频信号录制到当前轨道。

5. 音量控制

【音量控制】对当前轨道的音量进行调节。拖曳上下滑块，控制音量的高低。其参数面板，如图 6-31 所示。

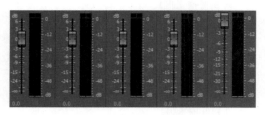

图 6-31

6. 轨道输出分配

主要用于控制轨道的输出。其参数面板，如图 6-32 所示。

图 6-32

7. 编辑播放控制

控制音频的播放状态，如图 6-33 所示。

图 6-33

- （到入点）：将时间线指针移到入点位置。
- （到出点）：将时间线指针移到出点位置。
- （播放）：播放音频素材文件。
- （播放入、出点）：播放从入点到出点之间的音频素材内容。
- （循环）：循环播放音频素材。
- （录制）：开始录制音频设备输入的信号。

音频实例：声音的淡入淡出	
实例类型：音频实例	
难易程度：★★	
实例思路：应用音量效果，并设置关键帧动画	

01 打开Premiere软件，新建项目。然后在【项目】窗口右击，执行【新建项目】|【序列】命令，如图6-34所示。

02 双击【项目】窗口的空白处，导入声音素材01.mp3，如图6-35所示。

图 6-34

图 6-35

03 单击将素材拖曳到【时间轴】窗口中，如图6-36所示。

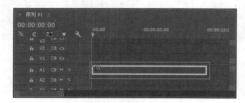

图 6-36

04 选中【时间轴】窗口中的素材，在【效果控件】面板中为【音量】设置关键帧。将时间线拖曳到0帧，设置【级别】为-20，并单击（切换动画）按钮，设置第一个关键帧，如图6-37所示。

图 6-37

05 将时间线拖曳到3秒，设置【级别】为6，然后单击（添加/移除关键帧）按钮，设置第2个关键帧，如图6-38所示。

图 6-38

06 将时间线拖曳到7秒，设置【级别】为6，然后单击 ◇（添加/移除关键帧）按钮，设置第3个关键帧，如图6-39所示。

图 6-39

07 将时间线拖曳到9秒，设置【级别】为−20，然后单击 ◇（添加/移除关键帧）按钮，设置第4个关键帧，如图6-40所示。

图 6-40

　　此时按小键盘的 Enter 键，即可进行声音预览，会听到声音产生了淡入淡出的效果。

音频实例：低通效果制作沉闷的声音
实例类型：音频实例
难易程度：★★
实例思路：应用低通效果

01 打开Premiere软件，然后在【项目】窗口右击，执行【新建项目】|【序列】命令，如图6-41所示。

02 双击【项目】窗口空白处，导入声音素材01.mp3，如图6-42所示。

图 6-41　　　　　图 6-42

03 将素材拖曳到【时间轴】窗口中，如图6-43所示。

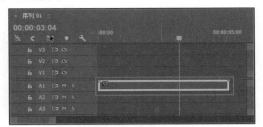

图 6-43

04 选中【时间轴】窗口中的素材，将【效果】面板中的【低通】效果，拖曳到时间轴中的素材上，如图6-44所示。

图 6-44

05 在【效果控件】面板中设置【屏蔽度】为1373.5Hz，如图6-45所示。

图 6-45

　　此时按小键盘的 Enter 键，即可进行声音预览，会听到原本清脆、响亮的声音变成了沉闷的效果。

音频实例：延迟效果制作重复效果
实例类型：音频实例
难易程度：★★
实例思路：应用延迟效果

01 打开Premiere软件，在【项目】窗口右击，执行【新建项目】|【序列】命令，如图6-46所示。

02 双击【项目】窗口空白处，导入声音素材01.mp3，如图6-47所示。

图 6-46   图 6-47

03 将素材拖曳到【时间轴】窗口中，如图6-48所示。

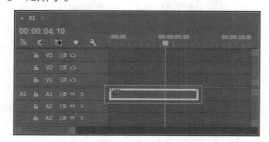

图 6-48

04 选中【时间轴】窗口中的素材，将【效果】面板中的【延迟】效果，拖曳到时间轴中的素材上，如图6-49所示。

图 6-49

05 在【效果控件】面板中设置【延迟】为1.5秒，【反馈】为20，【混合】为50，如图6-50所示。此时按小键盘的Enter键，即可进行声音预览，会听到声音变成了延迟而循环的效果。

图 6-50

6.6 拓展练习：调节音量

实例类型：音频实例
难易程度：★★
实例思路：应用音量效果

导入音频素材，如图6-51所示。为素材添加【音量】效果，如图6-52所示。

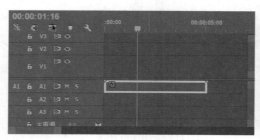

图 6-51

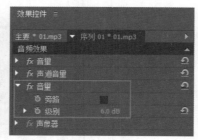

图 6-52

第7章

电子婚纱相册设计：调色特效

本章学习要点：
- 不同调色效果的参数详解
- 应用调色效果模拟电子婚纱相册效果

7.1 认识电子婚纱相册设计

　　电子婚纱相册是具有纪念意义的电子相册，是指将多张结婚照进行边框设计、元素设计等处理，使其达到完美的效果。电子婚纱相册通常应表现出浪漫、唯美、大气等气氛。电子婚纱相册主要用于自己收藏、结婚当日播放给亲朋好友观看，因此它具备以下特征。

　　1. 展示基本信息（如新娘新郎的姓名、电子相册名称等信息），如图 7-1 所示。

图 7-1

　　2. 展示浪漫的恋爱历程，如图 7-2 所示。

图 7-2

　　3. 婚纱照的美丽瞬间，如图 7-3 和图 7-4 所示。

图 7-3　　　　　　　　　　　　　　　图 7-4

7.2 颜色校正类视频效果

　　颜色校正类视频效果可以进行颜色的调整，如更改色阶、曲线等。其中包括"亮度和对比度""广播级颜色""更改颜色""转换颜色""通道混合器"等效果。其面板如图 7-5 所示。

图 7-5

7.2.1　Lumetri Color

Lumetri Color 效果功能强大，包括基本校正、创意、曲线、色轮和晕影选项。其参数面板，如图 7-6 所示，如图 7-7 和图 7-8 所示为该特效的对比效果。

图 7-6

图 7-7　　　　　　　图 7-8

提示：色相和明度知识

色相是根据该颜色光波长短划分的，只要色彩的波长相同，色相就相同，波长不同才产生色相的差别。例如，明度不同的颜色但是波长处于780~610nm范围内，那么这些颜色的色相都是红色。

红：780~610nm

橙：610~590hm

黄：590~570nm

绿：570~490nm

青：490~480nm

蓝：480~450nm

紫：450~380nm

7.2.2　RGB 曲线

【RGB 曲线】效果对红、绿、蓝进行曲线调整。其参数面板，如图 7-9 所示，如图 7-10 和图 7-11 所示为该特效的对比效果。

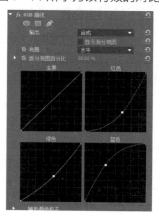

图 7-9

图 7-10　　　　　　图 7-11

- 【输出】：选择输出的形式。
- 【显示拆分视图】：设置视图中的素材被分割成校正后和校正前两种显示效果。
- 【版面】：设置剪切视图的方式。
- 【拆分视图的百分比】：调整显示视图的百分比。
- 【主】：改变所有通道的亮度和对比度。
- 【红 / 绿 / 蓝】：改变红色 / 绿色 / 蓝色通道的亮度和对比度。
- 【辅助色彩校正】：通过色相、饱和度、亮度和柔和度对图像进行辅助颜色校正。
- 【中心】：在指定的范围内调整颜色。
- 【色调 / 饱和度 / 亮度】：在指定的色彩范围内调整色调、饱和度或亮度。
- 【结束柔软】：柔化色彩的像素，使色彩过渡变得平滑。
- 【边缘减薄】：对色彩像素的边缘进行锐化，使色彩边缘更清晰。
- 【反转】：选择反转校正后的色彩范围和反转遮罩。

7.2.3　RGB 颜色校正器

　　【RGB 颜色校正器】特效是通过对红、绿、蓝的调整，改变素材的色彩。

- 【输出】：选择输出的形式。
- 【显示拆分视图】：设置视图中的素材被分割成校正后和校正前两种显示效果。
- 【版面】：设置剪切视图的方式。
- 【拆分视图的百分比】：调整显示视图的百分比。

- 【色调范围定义】：定义使用衰减控制阈值、阈值的阴影和亮度的色调范围。
- 【色调范围】：选择颜色的范围。
- 【灰度系数】：调整素材的伽玛级别。
- 【基值】：设置素材阴影色的倍增值。
- 【增益】：调整素材高光色的倍增值。
- RGB：通过红、绿、蓝对素材进行色调调整。
- 【红色灰度系数 / 绿色灰度系数 / 蓝色灰度系数】：调整红色、绿色或蓝色通道的中间色调值，而不会影响黑色和白色的平衡。
- 【红色 / 绿色 / 蓝色的基值】：通过增加一个固定偏置通道的像素值调整在红色、绿色或蓝色通道的色调值。
- 【红 / 绿 / 蓝色增益】：调整红色、绿色或蓝色通道的亮度值。
- 【辅助色彩校正】：通过色相、饱和度、亮度和柔和度对图像进行辅助颜色校正。
- 【中心】：在指定范围内，调整中央的颜色。
- 【色调 / 饱和度 / 亮度】：在指定的色彩范围纠正色调、饱和度或亮度。
- 【柔化】：柔化色彩的像素，使色彩过渡变得平滑。
- 【边缘减薄】：对色彩像素的边缘进行锐化，使色彩边缘更清晰。
- 【反转】：选择反转校正后的色彩范围和反转遮罩。

7.2.4　三向色彩校正

　　【三向色彩校正】特效包含快速色彩校正和 RGB 色彩校正等多种特效的混合效果。其参数面板，如图 7-12 所示，如图 7-13 和图 7-14 所示为该特效的对比效果。

图 7-12

图 7-13

图 7-14

- 【输出】：选择输出的形式。
- 【拆分视图】：设置视图中的素材被分割成校正后和校正前两种显示效果。
- 【版面】：设置剪切视图的方式。
- 【拆分视图的百分比】：调整显示视图的百分比。
- 【黑 / 灰 / 白平衡】：分配素材的黑色、灰色或白平衡。
- 【色调范围定义】：定义使用衰减控制阈值、阈值的阴影和亮度的色调范围。
- 【饱和度】：调整素材的饱和度。
- 【辅助色彩校正】：通过色相、饱和度、亮度和柔和度对图像进行辅助颜色校正。
- 【自动色阶】：设置素材的黑、灰和白色阶。
- 【阴影 / 中间色调 / 高光】：设置素材阴影 / 中间色调 / 高光的色相角度、平衡数量、增益和平衡角度。
- 【主色调】设置素材主色调的色相角度、平衡数量、增益和平衡角度。
- 【主色阶】：设置素材的输入黑、灰、白色阶和输出黑、白色阶。

提示：色彩纯度

纯度指的是色彩的鲜艳和深浅，也就是色彩的饱和度。纯度最高的颜色就是原色，在其中加入黑、白、灰三种无色色彩，纯度则会下降，加入得越多，颜色的纯度越低，最后会失去色相，成为无彩色。颜色中不含有黑、白、灰的被称为"纯色"，在纯色中加入不同明度的黑、白、灰，则纯度也会有不同的变化，出现不同的纯度，如图 7-15 所示。

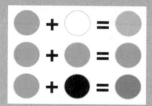
图 7-15

色彩的纯度也像明度一样有着丰富的层次，使纯度的对比呈现出变化多样的效果。混入的黑、白、灰成分越多，则色彩的纯度越低。以红色为例，在加入白色、灰色和黑色后其纯度都会随着降低，如图 7-16~图 7-18 所示。

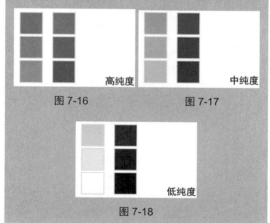
图 7-16　　　　图 7-17

图 7-18

7.2.5　亮度与对比度

　　【亮度与对比度】特效是对素材的亮度和对比度进行调整。其参数面板，如图 7-19 所

示。如图 7-20 和图 7-21 所示为该特效的对
比效果。

图 7-19

图 7-20　　　　　　图 7-21

- 【亮度】：调整素材的亮度。
- 【对比度】：调整素材的对比度。

7.2.6　亮度曲线

　　【亮度曲线】特效使用曲线调整剪辑的亮
度和对比度。其参数面板，如图 7-22 所示。
如图 7-23 和图 7-24 所示为该特效的对比
效果。

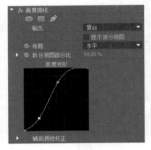

图 7-22

图 7-23　　　　　　图 7-24

- 【输出】：选择输出的形式。
- 【显示拆分视图】：设置视图中的素材
  被分割成校正后和校正前两种显示效果。

- 【布局】：设置剪切视图的方式。
- 【拆分视图的百分比】：调整显示视图
  的百分比。
- 【亮度波形】：改变曲线的形状可以改
  变素材的亮度和对比度。
- 【辅助色彩校正】：可通过色相、饱和度、
  亮度和柔和度对图像进行辅助颜色校正。
- 【中心】：在取样的色彩区域中进行亮
  度调整。
- 【色调、饱和度、亮度】：设置素材的色调、
  饱和度和亮度。
- 【柔化】：柔化色彩的像素，使色彩过
  渡变得平滑。
- 【边缘变薄】：对色彩像素的边缘进行
  锐化，使色彩边缘更清晰。
- 【反转】：选择反转校正后的色彩范围
  和反转遮罩。

7.2.7　亮度校正器

　　【亮度校正器】特效可调整高光、中间色
调和剪辑的阴影的亮度和对比度，如图 7-25
所示。如图 7-26 和图 7-27 所示为该特效的
对比效果。

图 7-25

图 7-26　　　　　　图 7-27

- 【布局】：选择输出的形式。
- 【拆分视图百分比】：设置视图中的素材被分割成校正后和校正前两种显示效果。
- 【版面】：设置剪切视图的方式。
- 【拆分视图的百分比】：调整显示视图的百分比。
- 【色调范围定义】：定义使用衰减控制阈值、阈值的阴影和亮度的色调范围。
- 【色调范围】：选择调节颜色的范围。
- 【亮度】：调整素材的亮度。
- 【对比度】：调整素材的对比度。
- 【对比度级别】：设置对比度调整素材的对比级别。
- 【灰度系数】：设置素材中间色的倍增值。
- 【基值】：设置素材阴影色的倍增值。
- 【增益】：调整素材高光色的倍增值。
- 【辅助色彩校正】：对阴影、中间色、高光的色调、饱和度和亮度进行辅助校正。
- 【中心】：在指定范围内进行颜色校正。
- 【色调、饱和度、亮度】：设置取样后色彩范围的色调、饱和度和亮度。
- 【柔化】：柔化色彩的像素，使色彩过渡变得平滑。
- 【边缘变薄】：对色彩像素的边缘进行锐化，使色彩边缘更清晰。
- 【反转】：选择反转校正后的色彩范围和反转遮罩。

7.2.8　分色

　　【分色】特效设置一种颜色范围保留该颜色，将其他颜色漂白转化为灰度效果。其参数面板，如图 7-28 所示。如图 7-29 和图 7-30 所示为该特效的对比效果。

图 7-28

图 7-29　　　　　　　图 7-30

- 【脱色量】：设置素材的色彩脱色值。
- 【要保留的颜色】：设置要保留的颜色。
- 【容差】：设置颜色的容差度。
- 【边缘柔和度】：设置边缘的柔化程度。
- 【匹配颜色】：设置颜色的匹配。

7.2.9　均衡

　　【均衡】特效是通过 RGB、亮度或 Photoshop 三种方式对素材进行均衡。其参数面板，如图 7-31 所示。如图 7-32 和图 7-33 所示为该特效的对比效果。

图 7-31

图 7-32　　　　　　　图 7-33

- 【均衡】：设置色彩校正的模式。
- 【均衡量】：设置色彩平衡的影响度。

7.2.10　快速颜色校正器

　　【快速颜色校正器】特效是对素材进行快

速的色调校正。其参数面板，如图 7-34 所示。如图 7-35 和图 7-36 所示为该特效的对比效果。

图 7-34

图 7-35　　　　　图 7-36

- 【输出】：选择用于输出的方式。
- 【显示拆分视图】：设置视图中的素材被分割成校正后和校正前两种显示效果。
- 【版面】：设置分割视图的方式。
- 【拆分视图的百分比】：调整显示视图的百分比。
- 【白平衡】：选择颜色设置素材高光色调平衡。
- 【色调平衡和角度】：通过色盘调整颜色的色相、平衡、数量和角度。
- 【色相角度】：控制色相盘的旋转。
- 【平衡幅度】：控制色彩平衡校正量的平衡角度。
- 【平衡增益】：设置色调的倍增强度。
- 【平衡角】：设置色调指针在色盘上的位置。
- 【饱和度】：设置素材的色彩饱和度。
- 【自动黑色阶】：设置素材的自动黑色阶。
- 【自动对比度】：设置素材的自动对比度。
- 【自动白色阶】：设置素材的自动白色阶。
- 【黑色阶/灰色阶/白色阶】：设置黑白灰程度，控制暗调、中间调和亮调的颜色。
- 【输入色阶】：设置饱和度的输入色阶。
- 【输出色阶】：设置饱和度的输出色阶。
- 【输入黑/灰/白色阶】：设置饱和度的输入黑、灰、白平衡。
- 【输出黑/白色阶】：设置饱和度的输出黑、白平衡。

7.2.11　更改为颜色

【更改为颜色】特效可以通过颜色的选择将一种颜色改变为另一种颜色。其参数面板，如图 7-37 所示。如图 7-38 和图 7-39 所示为该特效的对比效果。

图 7-37

图 7-38　　　　　图 7-39

- 【自】：设置需要更改的颜色。
- 【至】：设置更改的新颜色。
- 【更改】：设置需要更改的颜色通道，可替换色调、亮度或饱和度。
- 【更改方式】：设置替换颜色的方式。

- 【容差】：设置颜色的容差度。
- 【柔和度】：设置替换颜色后的柔和度。
- 【查看校正遮罩】：可查看替换颜色的蒙板信息。

7.2.12　色彩

　　【色彩】特效可以将两种颜色进行映射处理，替换出不同的色彩效果。其参数面板，如图 7-40 所示。如图 7-41 和图 7-42 所示为该特效的对比效果。

图 7-40

图 7-41　　　　　　图 7-42

7.2.13　视频限幅器

　　【视频限幅器】特效是控制素材的亮度和色度的最大、最小限度，防止色彩溢出。

- 【显示拆分视图】：设置视图中的素材被分割成校正后和校正前两种显示效果。
- 【版面】：设置剪切视图的方式。
- 【拆分视图的百分比】：调整显示视图的百分比。
- 【缩小轴】：可以让选择的定义范围内的亮度、色度，以及色彩和亮度，或整体的视频信号【智能限制】的限制。
- 【信号最小值】：指定最小的视频信号，包括亮度和饱和度。
- 【信号最大值】：指定最大的视频信号，包括亮度和饱和度。

- 【缩小方式】：控制素材亮度和色度的最小、最大幅度。
- 【色调范围定义】：定义使用衰减控制阈值、阈值的阴影和亮度的色调范围。
- 【阴影阈值 / 柔和度】：设置素材中的阴影阈值和柔和程度。
- 【高光阈值 / 高光柔和度】：设置素材中的高光阈值和柔和程度。

7.2.14　通道混合器

　　【通道混合器】特效可以使用修改通道的参数来调整素材的颜色。其参数面板，如图 7-43 所示。如图 7-44 和图 7-45 所示为该特效的对比效果。

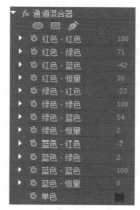

图 7-43

图 7-44　　　　　　图 7-45

- 【红色 - 红色】/【红色 - 绿色】/【红色 - 蓝色】：设置素材的红色通道与 RGB 通道的混合。
- 【绿色 - 红色】/【绿色 - 绿色】/【绿色 - 蓝色】：设置素材的绿色通道与 RGB 通道的混合。

- 【蓝色 - 红色】/【蓝色 - 绿色】/【蓝色 - 蓝色】：设置素材的蓝色通道与 RGB 通道的混合。
- 【红色恒量】/【绿色恒量】/【蓝色恒量】：保留 RGB 中的一个通道，对其他两个通道混合。
- 【单色】：将素材转变成黑白效果。

7.2.15 颜色平衡

　　【颜色平衡】特效可以调整素材的阴影、中间调和高光区进行色彩平衡。其参数面板，如图 7-46 所示。如图 7-47 和图 7-48 所示为该特效的对比效果。

图 7-46

图 7-47　　　　　　图 7-48

- 【阴影红色 / 绿色 / 蓝色平衡】：调整素材阴影的红、绿、蓝色彩平衡。
- 【中间调红色 / 绿色 / 蓝色平衡】：调整素材中间色调的红、绿、蓝色彩平衡。
- 【高光红色 / 绿色 / 蓝色平衡】：调整素材高光区的红、绿、蓝色彩平衡。

7.2.16 颜色平衡（HLS）

　　【颜色平衡(HLS)】特效是通过调整素材的色调、亮度和饱和度来改变颜色。其参数面板，如图 7-49 所示。如图 7-50 和图 7-51 所示为该特效的对比效果。

图 7-49

图 7-50　　　　　　图 7-51

- 【色相】：调整素材的颜色。
- 【明度】：调整素材的亮度。
- 【饱和度】：调整素材色彩的饱和度。

7.3 图像控制类视频效果

　　图像控制类特效主要是对素材进行色彩处理，包括黑白、色彩平衡、色彩传递等 5 种视频特效。其面板如图 7-52 所示。

图 7-52

图 7-57　　　　　　　图 7-58

- 【红色】：对素材的红色通道进行调节。
- 【绿色】：对素材的绿色通道进行调节。
- 【蓝色】：对素材的蓝色通道进行调节。

7.3.1　灰度系数校正

【灰度系数校正】特效是对素材的中间色调进行调整。其参数面板，如图 7-53 所示。如图 7-54 和图 7-55 所示为该特效的对比效果。

图 7-53

图 7-54　　　　　　　图 7-55

- 【灰度系数】：设置素材中间色的明暗度。

7.3.2　色彩平衡

【色彩平衡（RGB）】特效是通过 RGB 通道对素材进行调色。其参数面板，如图 7-56 所示。如图 7-57 和图 7-58 所示为该特效的对比效果。

图 7-56

7.3.3　颜色替换

【颜色替换】特效是用新的颜色替换原素材上的颜色。其参数面板，如图 7-59 所示。如图 7-60 和图 7-61 所示为该特效的对比效果。

图 7-59

图 7-60　　　　　　　图 7-61

- 【相似性】：设置目标颜色的容差值。
- 【目标颜色】：设置素材需要替换掉的颜色。
- 【替换颜色】：设置替换后的颜色。

7.3.4　颜色过滤

【颜色过滤】特效是设置素材中某种颜色保留，其余部分转换为黑白。其参数面板，如图 7-62 所示。如图 7-63 和图 7-64 所示为该特效的对比效果。

图 7-62

图 7-63　　　　　　图 7-64

- 【相似性】：设置保留颜色的容差值。
- 【颜色】：设置要保留的颜色。

7.3.5　黑白

　　【黑白】特效是将彩色素材转换成黑白效果。其参数面板，如图 7-65 所示。如图 7-66 和图 7-67 所示为该特效的对比效果。

图 7-65

图 7-66　　　　　　图 7-67

提示：色彩的搭配设计

1.　同种色彩搭配

同种色彩搭配又称为类似色搭配，是色环上临近的色彩搭配，或者使用同一种色相不同明度的色彩搭配。这种色彩搭配能带来和谐统一的视觉效果，如图7-68和图7-69所示。

图 7-68　　　　　　图 7-69

2.　对比色彩搭配

对比色是色环中相对的色彩（180°对角），也可称为互补色。对比色彩效果较为鲜明，进行对比色设计时应注意面积的大小，因为面积不同产生的视觉效果不同，如图7-70和图7-71所示。

图 7-70　　　　　　图 7-71

3.　暖色色彩搭配

暖色是色彩中最明显的特征之一，暖色色调能够带给人温暖的感觉。暖色又能够带给人前进感，色彩明亮则是前进，暖色就是如此——膨胀、亲近的感觉，如图7-72和图7-73所示。

图 7-72　　　　　　图 7-73

4.　冷色色彩搭配

色彩分为冷暖色，冷色给人后退、收缩、凉爽的距离感觉。在网页设计中，冷色则给人一种专业、冷静、稳重的感觉，如图7-74和图7-75所示。

图 7-74　　　　　　图 7-75

7.4 键控类效果

【键控】，即抠像。这种技术在影视特效制作领域应用最为广泛，可以合成出需要的特殊背景，拍摄的背景一般为【蓝屏】和【绿屏】，然后通过 Adobe Premiere 等软件的处理，进行抠像。【键控】效果面板，如图 7-76 所示。

图 7-76

7.4.1 Alpha 调整

【Alpha 调整】特效是对带有 Alpha 通道的素材进行抠像。

- 【不透明度】：设置素材的不透明度。
- 【忽略 Alpha】：忽略 Alpha 通道。
- 【反相 Alpha】：反转 Alpha 通道。
- 【仅蒙板】：设置透明素材为蒙板。

7.4.2 亮度键

【亮度键】根据图像的明亮程度制作出透明效果。

- 【阈值】：设置透明色的容差值。
- 【截断】：设置透明区域的细节度。

7.4.3 图像遮罩键

【图像遮罩键】特效是设置一个素材为蒙板，控制另外两个素材的透明叠加效果。

- 单击 （设置）按钮，然后在弹出的对话框中选择作为遮罩的素材图片。
- 【合成使用】：设置遮罩素材的混合条件。

- 【反向】：将遮罩的透明区域反转。

7.4.4 差值遮罩

【差值遮罩】特效是使用一个素材作为蒙板，然后与素材的色值对比，对两个素材中色值相同的部分做透明处理。

- 【视图】：设置预览的视图方式。
- 【差异图层】：设置与当前素材产生差异的轨道图层。
- 【如果图层大小不同】：设置层与层之间的匹配方式。其中包括【居中】：表示中心对齐；【伸展以适配】：将差异层拉伸以匹配当前素材层。
- 【匹配宽容度】：设置差异的容差值。
- 【匹配柔和度】：设置差异的柔和度。
- 【差异前模糊】：设置差异运算之前的模糊程度。

7.4.5 移除遮罩

【移除遮罩】特效可以消除蒙板边缘的黑色或白色的残留。

- 【遮罩类型】：选择要移除边缘区域的颜色，包括白色或黑色。

7.4.6 超级键

【超级键】特效将素材的某种颜色及相似的颜色范围设置为透明。其参数面板，如图 7-77 所示。如图 7-78 和图 7-79 所示为该特效的对比效果。

图 7-77

图 7-78　　　　　　图 7-79

- 【输出】：设置输出类型，包括【合成】、
  【Alpha 通道】和【颜色通道】。
- 【设置】：设置抠像类型，包括【默认】、
  【散漫】、【活跃】和【定制】。
- 【主要颜色】：设置处理为透明的颜色。
- 【遮罩生成】：设置遮罩产生的属性，
  包括【透明度】、【高光】、【阴影】、
  【宽容度】和【基准】。
- 【遮罩清除】：设置抑制遮罩的属性，
  包括【抑制】、【柔和】、【对比度】和【中
  间点】。
- 【溢出抑制】：设置对溢出色彩的抑制，
  包括【去色】、【范围】、【溢出】和【明度】。
- 【色彩校正】：调整素材的色彩，包括
  【饱和度】、【色相位】和【亮度】。

7.4.7　轨道遮罩键

　　【轨道遮罩键】特效将相邻轨道上的素材
作为被键控素材，一般应用在动态的图像素材
上，根据动态图像的动态范围确定透明区域，
以显示背景颜色。其参数面板，如图 7-80 所示。

图 7-80

- 【遮罩】：选择用来跟踪抠像的视频轨道。
- 【合成方式】：选择用于合成的方式。
- 【反向】：将效果进行反转。

7.4.8　非红色键

　　【非红色键】特效与【蓝屏键】相似，当【蓝
屏键】的效果不理想时，可以使用【非红色键】。
其参数面板，如图 7-81 所示。如图 7-82 和
图 7-83 所示为该特效的对比效果。

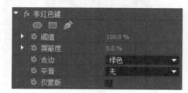

图 7-81

图 7-82　　　　　　图 7-83

- 【阈值】：设置透明色的容差值。
- 【截断】：设置透明区域的细节度。
- 【去边】：选择前景要去除的颜色方式。
- 【平滑】：设置透明边界的光滑度。
- 【仅蒙板】：设置透明素材为蒙板。

7.4.9　颜色键

　　【颜色键】特效与【色度键】基本相同，
可以抠除指定颜色或某种颜色范围。其参数面
板，如图 7-84 所示。如图 7-85 和图 7-86
所示为该特效的对比效果。

图 7-84

图 7-85　　　　　图 7-86

- ●【主要颜色】：设置需要处理为透明的颜色。
- ●【颜色容差】：设置透明色的容差值。
- ●【边缘细化】：设置透明边缘的大小。
- ●【羽化边缘】：设置透明边缘的羽化程度。

提示：色彩混合

色彩的混合有加色混合和减色混合。

1. 加色混合，如图 7-87 所示。

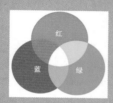

图 7-87

01 红光+绿光=黄光

02 红光+蓝光=品红光

03 蓝光+绿光=青光

04 红光+绿光+蓝光=白光

2. 减色混合，如图 7-88 所示。

图 7-88

01 青色+品红色=蓝色

02 青色+黄色=绿色

03 品红色+黄色=红色

04 品红色+黄色+青色=黑色

调色实例：韩版清新风格电子相册

实例类型：婚纱相册
难易程度：★★
实例思路：依次添加素材，并应用 RGB 颜色校正器效果、颜色平衡效果

01 打开 Premiere 软件，然后单击【新建项目】按钮，如图 7-89 所示。最后单击【确定】按钮，如图 7-90 所示。

图 7-89

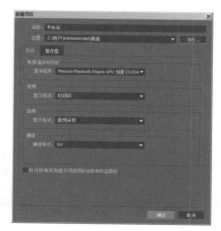

图 7-90

02 双击【项目】窗口，并将素材 01.jpg、02.jpg、03.jpg、04.jpg、05.jpg、06.jpg、07.jpg 导入该窗口，如图 7-91 所示。并将素材

01.jpg、02.jpg、03.jpg、04.jpg拖曳到视频
轨道中，如图7-92所示。

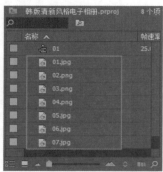

图 7-91

图 7-92

03 此时的效果，如图7-93所示。

04 将素材05.jpg拖曳到视频轨道V5中，如图
7-94所示。

图 7-93

图 7-94

05 选择素材05.jpg，并设置【位置】为373和
553.5，【缩放】为120，【旋转】为3.5，如

图7-95所示。

图 7-95

06 此时的效果，如图7-96所示。

图 7-96

07 为素材05.jpg添加【裁切】效果，设置【顶
部】为18，【底部】为20。添加【亮度与对比
度】效果，设置【亮度】为20，如图7-97
所示。

图 7-97

08 继续为素材05.jpg添加【RGB颜色校正
器】效果，设置【灰度系数】为1.2。添加【颜

色平衡】效果，设置【阴影红色平衡】为78，【阴影绿色平衡】为-32，【阴影蓝色平衡】为76，如图7-98所示。

图 7-98

09 此时的效果，如图7-99所示。

图 7-99

10 将素材06.jpg拖曳到视频轨道V6中，如图7-100所示。

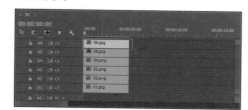

图 7-100

11 选择素材06.jpg，并设置【位置】为949和590，【缩放】为27，如图7-101所示。

图 7-101

12 将素材07.jpg拖曳到视频轨道V7中，如图7-102所示。

图 7-102

13 选择素材07.jpg，并设置【位置】为1221和591.5【缩放】为27，如图7-103所示。

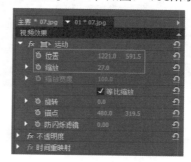

图 7-103

14 最终效果，如图7-104所示。

图 7-104

调色实例：老照片

实例类型：老照片
难易程度：★★
实例思路：依次添加素材，并应用颜色平衡效果、快速颜色校正器效果

01 打开Premiere软件，单击【新建项目】按钮，如图7-105所示。最后单击【确定】按钮，如图7-106所示。

图 7-105

图 7-106

02 双击【项目】窗口，并将素材02.jpg、01.mov导入该窗口，如图7-107所示。并将素

材02.jpg拖曳到视频轨道中，如图7-108所示。

图 7-107

图 7-108

03 选择素材02.jpg，并设置【缩放】为70，如图7-109所示。

图 7-109

04 为素材02.jpg添加【颜色平衡】效果，并设置【阴影红色平衡】为51，【阴影蓝色平衡】为45，如图7-110所示。

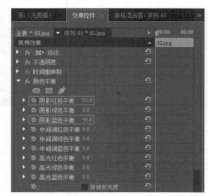

图 7-110

05 为素材02.jpg添加【快速颜色校正器】效果，并设置【饱和度】为50，如图7-111所示。

图 7-111

06 将素材01.mov拖曳到【时间轴】窗口的V2轨道中，如图7-112所示。

图 7-112

07 选择素材01.mov，并设置【混合模式】为【颜色加深】，如图7-113所示。

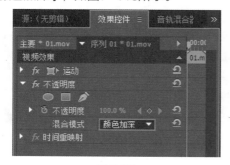

图 7-113

08 在【项目】窗口中右击，执行【新建项目】|【颜色遮罩】命令，如图7-114所示。

图 7-114

09 在弹出的对话框中单击【确定】按钮，如图7-115所示。并设置颜色为棕色，如图7-116所示。

图 7-115

图 7-116

10 将其命名为【彩色蒙版】，如图7-117所示。

图 7-117

11 将【项目】窗口中的"彩色蒙版"拖曳到【时间轴】窗口中的V3轨道，如图7-118

所示。

图 7-118

12 选择"彩色蒙版"，并设置【混合模式】为【线性减淡（添加）】，如图7-119所示。

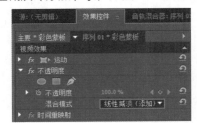

图 7-119

13 拖曳时间线，最终效果如图7-120所示。

图 7-120

调色实例：幸福的微光

实例类型：婚纱相册
难易程度：★★
实例思路：依次添加素材，并应用亮度与对比度效果、阴影 / 高光效果、快速颜色校正器效果、亮度曲线效果

01 打开Premiere软件，单击【新建项目】按钮，如图7-121所示。最后单击【确定】按

钮，如图7-122所示。

图 7-121

图 7-122

02 双击【项目】窗口，将素材01.jpg导入该窗口，如图7-123所示；并将素材01.jpg拖曳到视频轨道中，如图7-124所示。

图 7-123

图 7-124

03 选择素材01.jpg，设置【缩放】为16。然

后为其添加【亮度与对比度】效果，设置【亮度】为50，【对比度】为10，如图7-125所示。

图 7-125

04 此时的效果，如图7-126所示。

图 7-126

05 为素材01.jpg添加【阴影/高光】效果，取消勾选【自动数量】选项，设置【阴影数量】为20，【高光数量】为10，如图7-127所示。

图 7-127

06 为素材01.jpg添加【快速颜色校正器】效果，设置【布局】为【垂直】，【色相角度】

为10，【平衡数量级】为50，【平衡增益】为10，如图7-128所示。

图 7-128

07 为素材01.jpg添加【亮度曲线】效果，设置【布局】为【垂直】，并调整【亮度波形】的曲线效果，如图7-129所示。

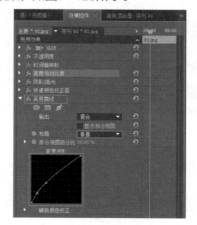

图 7-129

08 最终效果，如图7-130所示。

图 7-130

157

调色实例：油画效果

实例类型：电子相册
难易程度：★★
实例思路：依次添加素材，并应用投影效果、画笔描边效果

01 打开Premiere软件，单击【新建项目】按钮，如图7-131所示。最后单击【确定】按钮，如图7-132所示。

图 7-131

图 7-132

02 双击【项目】窗口，将素材01.jpg、03.png、04.jpg导入该窗口，如图7-133所示。

并将素材04.jpg拖曳到视频轨道中，如图7-134所示。

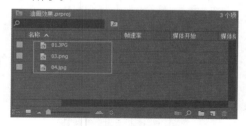

图 7-133

图 7-134

03 此时的效果，如图7-135所示。

图 7-135

04 将素材03.png拖曳到视频轨道V3中，如图7-136所示。

图 7-136

05 选择素材03.png，设置【缩放】为170。然后为其添加【投影】效果，并设置【不透明度】为100，【方向】为135，【距离】为17，【柔和度】为54，如图7-137所示。

图 7-137

06 此时的效果，如图7-138所示。

图 7-138

07 将素材01.jpg拖曳到视频轨道V2中，如图7-139所示。

图 7-139

08 选择素材01.jpg，并设置【缩放】为35，如图7-140所示。

图 7-140

09 为素材01.jpg添加【画笔描边】效果，并设置【描边角度】为135，【画笔大小】为5，【描边长度】为10，【描边浓度】为2，【描边浓度】为1，如图7-141所示。

图 7-141

10 最终效果，如图7-142所示。

图 7-142

调色实例：韩版清新风格电子相册

实例类型：婚纱相册
难易程度：★★
实例思路：依次添加素材，并应用轨道遮罩键效果、快速颜色校正器效果

01 打开Premiere软件，然后单击【新建项目】按钮，如图7-143所示。最后单击【确定】按钮，如图7-144所示。

图 7-143

图 7-144

02 在菜单栏中执行【文件】|【新建】|【序列】命令，如图7-145所示。

图 7-145

03 在弹出的对话框中单击【确定】按钮，如图7-146所示。

图 7-146

04 双击【项目】面板，然后导入素材01.jpg、02.jpg、03.jpg，如图7-147所示。

图 7-147

05 选择【项目】窗口的素材03.jpg，拖曳到【时间轴】窗口中的V1轨道，如图7-148所示。

图 7-148

06 选择素材03.jpg，设置【缩放】为67，如图7-149所示。

图 7-149

07 选择【项目】窗口中的素材02.jpg，拖曳到【时间轴】窗口中的V2轨道，如图7-150所示。

图 7-150

08 选择素材02.jpg，设置【缩放】为50，【混合模式】为【相乘】，如图7-151所示。

图 7-151

09 此时的效果，如图7-152所示。

图 7-152

10 选择【项目】窗口的素材01.jpg，拖曳到【时间轴】窗口中的V3轨道，如图7-153所示。

图 7-153

11 选择素材01.jpg，设置【位置】为484和266，【缩放】为40，如图7-154所示。

图 7-154

12 为素材01.jpg添加【轨道遮罩键】效果，并单击 ⬭（创建椭圆形蒙版）按钮，绘制一个圆形，然后设置【蒙版羽化】为57，勾选【已反转】选项，设置【遮罩】为【视频4】，设置【合成方式】为【Alpha遮罩】，勾选【反向】选项，如图7-155和图7-156所示。

图 7-155

图 7-156

13 继续为素材01.jpg添加【快速颜色校正器】效果，设置【饱和度】为60，如图7-157所示。

14 最终效果，如图7-158所示。

图 7-157   图 7-158

7.5 拓展练习："爱的故事"电子相册

实例类型：婚纱相册
难易程度：★★
实例思路：依次添加素材，并设置混合模式

导入素材文件，如图 7-159 所示。设置素材【光效 .avi】的【混合模式】为【滤色】，如图 7-160 所示。

图 7-159   图 7-160

第 8 章

创意短片设计：关键帧动画

本章学习要点：

- 创建和编辑关键帧
- 插值和运动
- 不透明度和时间重映射

8.1 认识创意短片设计

短片设计通过将创意的策划想法，结合巧妙的故事内容、精彩的视觉效果，渲染、刻画出令人记忆深刻的短片动画。目前越来越多的短片会使用 Premiere 等软件添加动画效果，因此关键帧动画的制作方法是必须要学习的内容。

8.1.1 风格

短片风格是观者对短片观看而产生的感受，是一种在整体上呈现的、有代表性的面貌。它体现了作品的内在审美特征及作品内涵。短片的风格非常多，常见的短片风格有写实、抽象、古典、民族、潮流等，如图 8-1 所示。

图 8-1

8.1.2 表现手法

创意短片作为一门视听艺术，画面在其中发挥着不可忽视的重要作用，而表现手法会令画面更丰富。常见的短片表现手法有夸张、象征、对比、拟人、联想、幽默等。合适的表现手法，会更好地烘托作品，如图 8-2 所示。

图 8-2

8.2 创建和编辑关键帧

创建和编辑关键帧是制作动画的基础，在本节中会学习 Premiere 创建、删除、选择、移动、复制关键帧的方法，如图 8-3 所示为关键帧的工具按钮。

图 8-3

- ◀（跳转到前一个关键帧）：可以跳转到前一个关键帧的位置。
- ▶（跳转到下一个关键帧）：可以跳转到下一个关键帧的位置。
- ◇（添加 / 删除关键帧）：为每个属性添加或删除关键帧。
- ◆：表示当已有关键帧。

8.2.1 创建关键帧

01 调整时间线的位置，然后单击属性前方的 ⏱（切换动画）按钮，即可创建第 1 个关键帧，如图 8-4 所示。

图 8-4

02 再次调整时间线的位置，单击 ◇（添加/删除关键帧）按钮，并设置属性参数。此时即可

创建第 2 个关键帧，如图 8-5 所示。

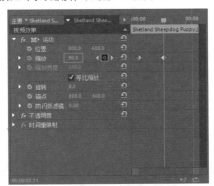

图 8-5

03 除了上面的操作方法之外，还可以调整时间线的位置，然后直接设置属性参数，可以自动添加关键帧，如图 8-6 所示。

图 8-6

04 此时关键帧动画设置完成，拖曳时间线查看效果，如图 8-7~图 8-9 所示。

图 8-7　　　　　　　　图 8-8

图 8-9

8.2.2 删除关键帧

1. 删除选择的关键帧

01 选择关键帧，然后按键盘上的Delete键，如图8-10所示。

图 8-10

02 此时关键帧已被删除，如图8-11所示。

图 8-11

2. 将全部关键帧删除

01 单击属性前面的 ⏱ （切换动画）按钮，如图8-12所示。

图 8-12

02 在弹出的对话框中单击【确定】按钮，如图8-13所示。

图 8-13

03 此时关键帧已被删除，如图8-14所示。

图 8-14

8.2.3 选择关键帧

选择关键帧的方法很简单，单击即可选择单个关键帧。按住 Ctrl 键，并单击鼠标左键，即可多选关键帧。

8.2.4 移动关键帧

01 选择需要移动的关键帧，如图8-15所示。

图 8-15

02 单击鼠标左键并拖曳进行移动，如图8-16所示。

图 8-16

8.2.5 复制关键帧

01 选择需要复制的关键帧，如图8-17所示。

02 按快捷键【Ctrl+C】，然后移动时间线的位置，最后按快捷键【Ctrl+V】，关键帧就复制好了，如图8-18所示。

图 8-17

图 8-18

8.3　关键帧插值

　　关键帧插值是指关键帧的过渡方式。例如，可以使用关键帧插值来确定物体在运动路径中匀速移动还是加速移动。在关键帧上单击鼠标右键，即可选择关键帧的插值类型，如图 8-19 所示。

- 线性：线性匀速过渡，关键帧图标为 。
- 贝塞尔曲线：可调节曲线过渡，关键帧图标为 ▧。
- 自动贝塞尔曲线：自动平滑过渡，关键帧图标为 ◐。
- 连续贝塞尔曲线：连续平滑过渡，关键帧图标为 ▧。
- 定格：突然过渡，关键帧间的过渡变化具有跳跃性，关键帧图标为 ◀。
- 缓入：缓慢淡入过渡，关键帧图标为 ▧。
- 缓出：缓慢淡出过渡，关键帧图标为 ▧。

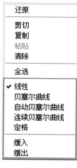

图 8-19

8.4　运动

　　在【视频效果】面板中，最常用的就是【运动】属性，很多常用的动画效果都可以在此面板中制作。它包括 5 个参数，分别是位置、缩放、旋转、锚点、防闪烁滤镜，如图 8-20 所示。

图 8-20

8.4.1 位置

调整时间线的位置，然后单击 ◎（切换动画）按钮，如图 8-21 所示。继续向后拖曳时间线，然后设置【位置】为（1000,300），如图 8-22 所示。

图 8-21

图 8-22

如图 8-23 和图 8-24 所示为位置动画的效果。

图 8-23　　　　图 8-24

8.4.2 缩放

调整时间线的位置，然后单击 ◎（切换动画）按钮，并设置【缩放】为 100，如图 8-25 所示。继续向后拖曳时间线，然后设置【缩放】为 150，如图 8-26 所示。

图 8-25

图 8-26

如图 8-27 和图 8-28 所示为缩放动画的效果。

图 8-27　　　　图 8-28

8.4.3 旋转

调整时间线的位置，然后单击 ◎（切换动画）按钮，并设置【旋转】为 0，如图 8-29 所示。继续向后拖曳时间线，然后设置【旋转】为 40，如图 8-30 所示。

图 8-29

图 8-30

如图 8-31 和图 8-32 所示为旋转动画的效果。

 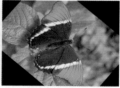

图 8-31　　　　图 8-32

当取消勾选【等比缩放】选项，可以单独对【缩放高度】和【缩放宽度】进行调节，如图 8-33 所示。调整后的效果，如图 8-34 所示。

图 8-33

图 8-34

8.4.4　锚点

【锚点】并不是【位置】，而是指素材旋转的"中心"位置。

调整时间线的位置，然后单击　（切换动画）按钮，并设置【锚点】为（800,600），如图 8-35 所示。继续向后拖曳时间线，然后设置【锚点】为（1600,1200），如图 8-36 所示。

图 8-35

图 8-36

如图 8-37 和图 8-38 所示为调整锚点前后的对比效果。

 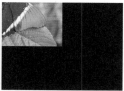

图 8-37　　　　　　图 8-38

此时修改旋转参数，则可以看到产生了沿中心进行旋转的效果，如图 8-39 和图 8-40 所示。

图 8-39　　　　　　图 8-40

8.4.5　防闪烁滤镜

图像在隔行扫描显示器（如许多电视屏幕）上显示时，图像中的细线和锐利边缘有时会闪烁。使用【防闪烁滤镜】可以减少甚至消除这种闪烁现象。随着其强度的增加，可以消除更多的闪烁，但是图像也会变淡。对于具有大量锐利边缘和高对比度的图像，可能需要将其参数设置为相对较高的数值。

8.5　不透明度

不透明度是指不透光的程度，默认为 100%，代表完全不透明；而 0% 则代表完全透明。当图层有了不透明度属性，就可以设置图层与图层之间的混合模式，使两个图层之间产生丰富的混合质感。

8.5.1　不透明度

　　调整时间线的位置，然后单击 ![icon]（切换动画）按钮，并设置【不透明度】为 100，如图 8-41 所示。继续向后拖曳时间线，然后单击 ![icon]（添加／移除关键帧）按钮，如图 8-42 所示。

图 8-41

图 8-42

　　继续向后拖曳时间线，设置【不透明度】为 0，如图 8-43 所示。

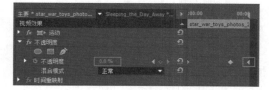

图 8-43

　　如图 8-44～图 8-46 所示为设置不透明度动画产生的效果，该效果常用来模拟视频末尾的黑场效果。

图 8-44　　　　　图 8-45

图 8-46

8.5.2　混合模式

　　【混合模式】是指图层之间以某种方式进行叠加。当将一种混合模式应用于某个对象时，在此对象的图层或组下方的任何对象上都可看到混合模式的效果，如图 8-47 所示为混合模式的类型。

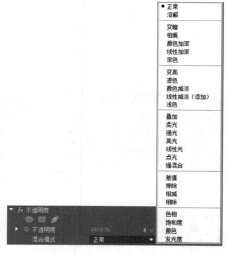

图 8-47

　　在素材上方添加一个蓝色的【颜色遮罩】，如图 8-48 所示。

图 8-48

　　设置【混合模式】的类型，如图 8-49 所示。此时会出现混合的颜色效果，如图 8-50 所示。

图 8-49　　　　　　　　　图 8-50

8.6　时间重映射

可以使用时间重映射为剪辑的某部分冻结帧。在横跨剪辑中心的位置将会出现控制剪辑速度的水平橡皮带。可以按下 Ctrl 键并拖曳鼠标，单击橡皮带以创建速度关键帧，如图 8-51 和图 8-52 所示。

图 8-51

图 8-52

关键帧动画实例：摆动的画

实例类型：广告动画
难易程度：★★★
实例思路：导入素材，制作边框，并应用关键帧动画

01 打开Premiere软件，然后单击【新建项目】按钮，如图8-53所示。最后单击【确定】按钮，如图8-54所示。

图 8-53

图 8-54

02 双击【项目】窗口，并将素材01.jpg、02.jpg、03.jpg、04.jpg、05.jpg导入该窗口，如图8-55所示。并将素材01.jpg拖曳到视频轨道V1中，如图8-56所示。

图 8-55

图 8-56

03 选择素材01.jpg，并设置【位置】为221和235，【缩放】为48，如图8-57所示。

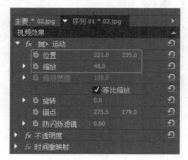

图 8-57

04 然后将素材02.jpg拖曳到视频轨道V2中，如图8-58所示。

图 8-58

05 此时的效果，如图8-59所示。

图 8-59

06 在菜单栏中执行【字幕】|【新建字幕】|【默认静态字幕】命令，如图8-60所示。在弹出的对话框中单击【确定】按钮，如图8-61所示。

图 8-60

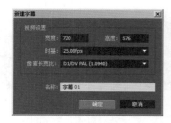

图 8-61

07 此时即可单击▇（矩形）工具，拖曳绘制一个矩形，并设置相关参数，如图8-62所示。

图 8-62

08 关闭此时的字幕窗口，并将【项目】窗口中的【字幕01】拖曳到视频轨道V3中，如图8-63所示。

图 8-63

09 选择视频轨道V2和V3上的素材，并右击选择【嵌套】命令，如图8-64所示。在弹出的对话框中单击【确定】按钮，如图8-65所示。

图 8-64

图 8-65

提示：为什么使用嵌套？

嵌套主要针对于图层较多、素材较多的Premiere文件。由于素材比较多，那么就可以将一些素材进行"嵌套"，这样素材会被整理得更简洁。可以为嵌套之后的素材添加效果、动画等，调节速度更快捷。不仅可以将同一个轨道上的素材嵌套，而且可以将不同轨道上的素材进行嵌套。

10 此时的视频轨道中产生了【嵌套序列01】，如图8-66所示。

图 8-66

11 选择视频轨道V2上的【嵌套序列01】，将时间线拖曳到0帧，单击【位置】属性前方的 ⏱ （切换动画）按钮，并设置数值为0和288，如图8-67所示。

图 8-67

12 将时间线拖曳到16秒18帧，设置【位置】为458.4和260，如图8-68所示。

图 8-68

13 拖曳时间线，效果如图8-69和图8-70所示。

图 8-69　　　　　图 8-70

14 采用同样的方法制作出【嵌套序列02】、【嵌套序列03】、【嵌套序列04】，并依次设置其【位置】属性的动画，使其从四周向中间靠拢，如图8-71所示。

图 8-71

15 拖曳时间线，最终效果如图8-72所示。

图 8-72

关键帧动画实例：保护环境宣传片

| 实例类型：宣传动画 |
| 难易程度：★★★ |
| 实例思路：导入素材，应用多种效果，为文字设置动画 |

01 打开Premiere软件，单击【新建项目】按钮，如图8-73所示。最后单击【确定】按钮，如图8-74所示。

图 8-73

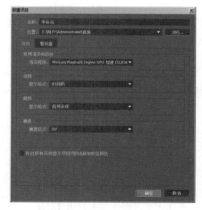

图 8-74

02 双击【项目】窗口，并将素材1.jpg、2.jpg、3.jpg、4.jpg导入该窗口，如图8-75所示。并将素材依次拖曳到视频轨道V2中，如图8-76所示。

图 8-75

图 8-76

03 在【项目】窗口中右击，执行【新建项目】|【颜色遮罩】命令，如图8-77所示。并设置颜色为浅蓝色，如图8-78所示。为其命名为【彩色蒙版】，如图8-79所示。

图 8-77

图 8-78

图 8-79

04 并将此时【项目】窗口中的【彩色蒙版】拖曳到视频轨道V1中，如图8-80所示。

图 8-80

05 选择【时间轴】窗口中的素材1.jpg，设置【混合模式】为【变暗】。并将时间线拖曳到0帧，单击【旋转】属性前方的 ◎（切换动画）按钮，并设置数值为0。效果如图8-81所示。

06 将时间线拖曳到5秒13帧，设置【旋转】为360°，效果如图8-82所示。

图 8-81   图 8-82

07 采用同样的方法，依次为素材2.jpg、3.jpg、4.jpg设置关键帧动画，如图8-83所示。

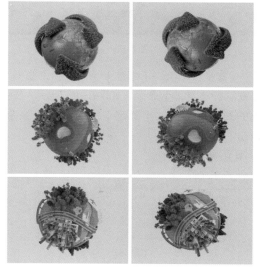

图 8-83

08 在【效果】面板中找到【时钟式擦除】效果，并将其拖曳到素材1.jpg和2.jpg之间，如图8-84所示。

图 8-84

09 在【效果】面板中找到【随机块】效果，并将其拖曳到素材2.jpg和3.jpg之间，如图8-85所示。

图 8-85

10 在【效果】面板中找到【风车】效果，并将其拖曳到素材3.jpg和4.jpg之间，如图8-86所示。

图 8-86

11 在菜单栏中执行【字幕】|【新建字幕】|【默认静态字幕】命令，如图8-87所示。在弹出的对话框中单击【确定】按钮，如图8-88所示。

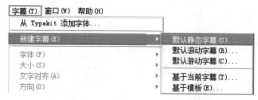

图 8-87

图 8-88

12 此时即可单击 T （文字）工具，并输入文字，然后在下方的字幕样式窗口中选择一种合适的类型。接着在右侧设置【字体系列】、

【字体样式】、【字体大小】、【填充】等参数，如图8-89所示。

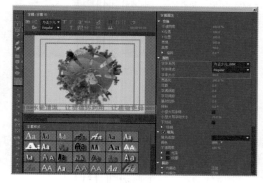

图 8-89

13 单击此时的 （滚动/游动选项）按钮，并设置【字幕类型】为【向左游动】，勾选【开始于屏幕外】和【结束于屏幕外】选项，如图8-90所示。

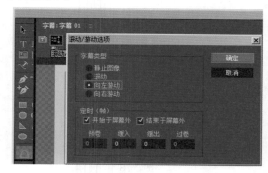

图 8-90

14 拖曳时间线，最终效果如图8-91所示。

图 8-91

8.7 拓展练习：关键帧动画制作文字动画

实例类型：文字动画
难易程度：★★
实例思路：创建文字，为不透明度设置关键帧动画

导入素材，如图 8-92 所示。创建字幕，并设置不透明度动画，如图 8-93 所示。

图 8-92

图 8-93

第 9 章

协同创作：Premiere 与其他软件结合使用

本章学习要点：
- Premiere 多格式的输出方法
- Premiere 与 After Effects 结合
- Premiere 与 Photoshop 结合
- Premiere 与 3ds Max 结合

9.1　相关软件介绍

通常制作一个完整的视频作品，不仅需要应用 Premiere 软件，还需要使用 Photoshop 平面处理软件、After Effects 特效合成软件、3ds Max 三维动画软件等。

9.1.1　After Effects 后期特效制作工具

Adobe After Effects，简称 AE，是 Adobe 公司推出的一款视频特效处理软件，适用于电影特效、广告特效、动画特效等的制作，如图 9-1 和图 9-2 所示。

图 9-1

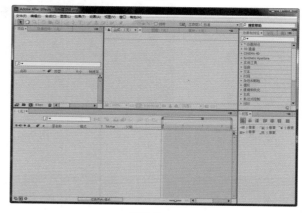

图 9-2

9.1.2　Photoshop 平面元素制作工具

Adobe Photoshop，简称 PS，是由 Adobe 公司开发的图像处理软件。Photoshop 在图像、图形、文字、视频、出版等功能方面都很强大。Photoshop 不仅与 Premiere 软件结合紧密，而且几乎任何一种设计工作都需要应用到 Photoshop，如图 9-3 和图 9-4 所示。

图 9-3

图 9-4

9.1.3　3ds Max 三维制作工具

Autodesk 3ds Max，简称 3D，是由 Autodesk 公司出品的一款三维软件。3ds Max 常用来制作三维建模、三维动画等，如图 9-5 和图 9-6 所示。

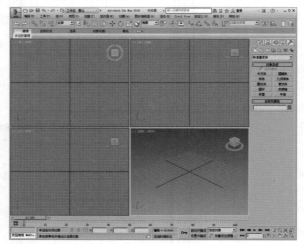

图 9-5　　　　　　　　　　　　　　　　　　　　图 9-6

9.2　Premiere 多格式输出

在制作完成的作品需要进行输出，以使用播放器和播放设备观看浏览，如图像、视频、音频等。Premiere Pro CC 2015 可以输出的文件格式非常多，包括：.jpg、.gif、.wav、.avi、.mov、.mp4 等。

在 Premiere 中输出视频的方法主要有两种：执行菜单栏中的【文件】|【导出】|【媒体】命令，如图 9-7 所示。此时可以打开【导出设置】对话框，如图 9-8 所示；除此之外，还可以选择【时间线】窗口，然后按快捷键【Ctrl+M】，同样可以打开该对话框。

图 9-7　　　　　　　　　　　　　　　　　　　　图 9-8

- 　【格式】：设置输出视频、音频的文件格式。

- 【预置】：设置选定格式所对应的编码配置方案。
- ▣（保存预置）：保存当前参数的预置，方便下次使用。
- ▣（导入预置）：单击此按钮，可导入保存的预置参数文件。
- ▣（删除）：删除当前的预置方案。
- 【注释】：在输出影片时添加注释。
- 【输出名称】：指定输出的名称。
- 【导出视频】：勾选此选项，输出视频部分。
- 【导出音频】：勾选此选项，输出音频部分。
- 【摘要】：显示当前影音的输出信息。

9.2.1　输出 AVI 格式视频

01 在【时间轴】窗口，按快捷键Ctrl+M。在弹出的对话框中，设置【格式】为AVI，设置【输出名称】，并设置【视频编解码器】为【DV PAL】，勾选【使用最高渲染质量】选项，最后单击【导出】按钮，如图9-9所示。

图 9-9

02 此时开始输出，如图9-10所示。输出完成后的文件，如图9-11所示。

图 9-10

图 9-11

提示：选择哪种输出格式更好？

Premiere的输出格式有很多种，但是输出质量与文件大小很难兼得。常见的视频格式有mp4、mov、avi、mpg、H.264、flv、mkv、wmv、rmvb、R3D、MXF、MTS等。最常用的视频格式是H.264、mpg、wmv、rmvb、avi等。

1.H.264：现在网络上基本都采用该格式，应用普及度较高。

2.mpg：在DVD时代应用较多，现在应用已经不多。

3.wmv：是微软推出的一种流媒体格式，在同等视频质量下，WMV格式的文件可以边下载边播放，因此很适合在网上播放和传输。

4.rmvb：该格式多应用于保存在本地的多媒体内容。

5.avi：主要应用在多媒体光盘上，用来保存电视、电影等各种影像信息。

9.2.2　设置输出视频长度

01 在【导出设置】对话框中，单击移动底部的 ◢（设置入点）和 ◣（设置出点）按钮，设置需要输出的视频范围，最后单击【导出】按钮即可，如图9-12所示。

图 9-12

9.2.3 输出序列

01 在【时间轴】窗口，按快捷键Ctrl+M。在弹出的对话框中，设置【格式】为PNG，设置【输出名称】，并勾选【使用最高渲染质量】选项，单击【导出】按钮，如图9-13所示。

图 9-13

02 此时开始输出，输出完成后的文件，如图9-14所示。

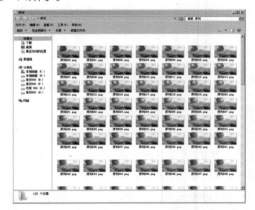

图 9-14

9.2.4 输出图片

01 在【时间轴】窗口，按快捷键Ctrl+M。在弹出的对话框中，设置【格式】为JPEG，设置【输出名称】，并取消勾选【导出为序列】选项，勾选【使用最高渲染质量】选项，最后单击【导出】按钮，如图9-15所示。输出后，如图9-16所示。

图 9-15

图 9-16

9.2.5 输出音频

01 在【时间轴】窗口，按快捷键Ctrl+M。在弹出的对话框中，设置【格式】为MP3，设置【输出名称】，并勾选【导出音频】选项，最后单击【导出】按钮，如图9-17所示。

图 9-17

02 此时开始输出，输出完成后的文件，如图9-18所示。

图 9-18

提示：Premiere 输出时缺少很多格式

Premiere在进行输出时，可能会发现缺少很多格式，比如缺少.mov等格式。那么首先要检查一下计算机中是否安装了Quicktime播放器。

9.3　Premiere 与 After Effects

Premiere 是最常用的剪辑软件之一，而 After Effects 是最常用的特效软件之一。因此 Premiere 和 After Effects 是结合相当紧密的软件。导入 After Effects 合成图像与任何其他支持的文件类型相同，可以通过使用"文件"＞"导入"命令导入 After Effects 合成图像。也可以在 Premiere 与 After Effects 之间复制并粘贴图层和资源。

软件结合实例：After Effects与Premiere结合制作栏目片头

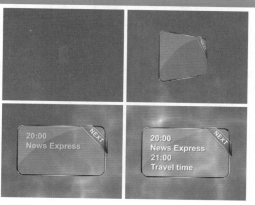

| 实例类型：软件综合应用 |
| 难易程度：★★★ |
| 实例思路：After Effects 与 Premiere 结合 |

01 在After Effects中设置动画，并将其输出动画。将输出的视频【合成1.avi】导入到【时间轴】窗口中，如图9-19所示。

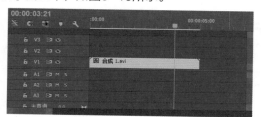

图 9-19

02 此时按空格键进行播放，效果如图9-20所示。

图 9-20

03 导入音频素材01.mp3，并将其拖曳到【时间轴】窗口中的音频轨道上，如图9-21所示。

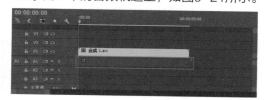

图 9-21

04 选择【时间轴】窗口中的音频素材，将时间线拖曳到第0秒，并设置【级别】数值为−20，如图9-22所示。

图 9-22

05 选择【时间轴】窗口中的音频素材，将时间线拖曳到第1秒，并设置【级别】数值为0，如图9-23所示。

图 9-23

06 选择【时间轴】窗口中的音频素材，将时间线拖曳到第4秒，并设置【级别】数值为0，如图9-24所示。

图 9-24

07 选择【时间轴】窗口中的音频素材，将时间线拖曳到第5秒，并设置【级别】数值为-50，如图9-25所示。

图 9-25

08 此时音乐产生了淡入淡出的效果。单击【时间轴】窗口，并按快捷键Ctrl+M，并设置输出路径，最后单击【导出】按钮，如图9-26所示。

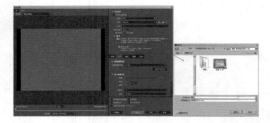

图 9-26

09 输出完成后，可以在刚才的路径看到【输出.avi】视频，如图9-27所示。

图 9-27

9.4 Premiere 与 Photoshop

在 Photoshop 中制作完成的 PSD 文件，可以导入到 Premiere 中，并且可以分层导入，方便处理操作。

软件结合实例：Photoshop与Premiere结合制作旅游广告

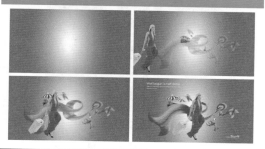

实例类型：软件综合应用
难易程度：★★★
实例思路：Photoshop 与 Premiere 结合使用

01 在【项目】窗口双击空白位置，如图9-28所示。

图 9-28

02 此时选择素材【案例：Photoshop与Premiere结合制作旅游广告.psd】，单击【打开】按钮，如图9-29所示。

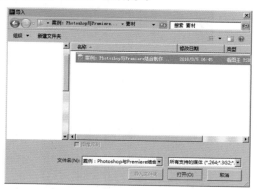

图 9-29

03 设置【导入为】为【各个图层】，如图9-30所示。

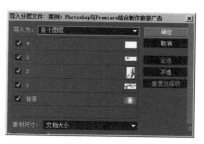

图 9-30

04 此时素材已经被分层导入进来，如图9-31所示。

图 9-31

05 依次将素材拖曳到【时间轴】窗口中，如图9-32所示。

图 9-32

06 选择视频轨道V2上的素材，将时间线拖曳到3秒，单击【缩放】属性前方的（切换动画）按钮，并设置数值为200，如图9-33所示。

图 9-33

07 将时间线拖曳到4秒，并设置数值为80，如图9-34所示。

图 9-34

08 选择视频轨道V3上的素材，将时间线拖曳到0秒，单击【缩放】属性前方的 ⏱ （切换动画）按钮，并设置数值为0，如图9-35所示。

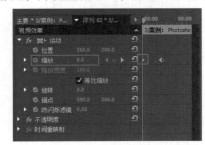

图 9-35

09 将时间线拖曳到2秒，并设置数值为80，如图9-36所示。

图 9-36

10 选择视频轨道V4上的素材，将时间线拖曳到0秒，单击【不透明度】属性前方的 ⏱ （切换动画）按钮，并设置数值为0，如图9-37所示。

11 将时间线拖曳到3秒，并设置数值为100，如图9-38所示。

图 9-37

图 9-38

12 选择视频轨道V5上的素材，将时间线拖曳到0秒，单击【位置】属性前方的 ⏱ （切换动画）按钮，并设置数值为-70 288，如图9-39所示。

图 9-39

13 将时间线拖曳到3秒，并设置数值为360 288，如图9-40所示。

图 9-40

14 拖曳时间线，最终效果如图9-41所示。

图 9-41

9.5 Premiere 与 3ds Max

在 3ds Max 中渲染的序列，导入到 Premiere 中更换背景。

软件结合实例：Premiere与3ds Max制作三维片头文字

实例类型：软件综合应用
难易程度：★★★
实例思路：Premiere 与 3ds Max 结合使用

01 在3ds Max中，单击 ※（创建）| ◎（图形）| 文本 按钮，如图9-42所示。

02 在前视图单击即可创建文字，如图9-43所示。

图 9-42

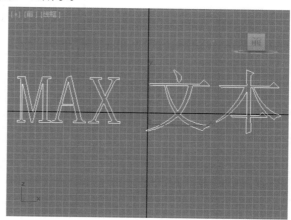

图 9-43

03 单击修改，设置合适的字体类型、大小、文本，如图9-44所示。

04 单击修改，添加【倒角】修改器，设置【高度】为19.5。勾选【级别2】选项，设置【高度】为5.5，【轮廓】为-1.4，如图9-45所示。

05 此时产生了三维文字效果，如图9-46所示。

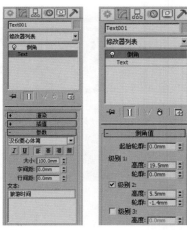

图 9-44   图 9-45

图 9-46

06 单击开启 自动关键点 按钮，将时间线拖曳到0帧，旋转文字。最后单击 ∞（设置关键点）按钮，如图9-47所示。

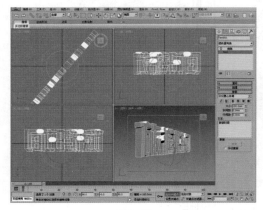

图 9-47

07 将时间线拖曳到50帧，再次旋转文字角度，如图9-48所示。

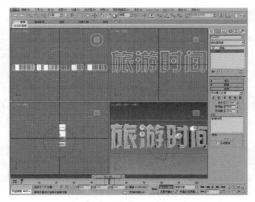

图 9-48

08 创建摄影机，在透视图调整好角度，并按快捷键Ctrl+C，如图9-49所示。

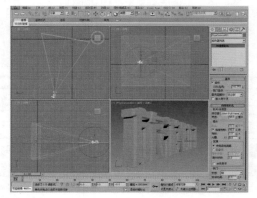

图 9-49

09 将时间线拖曳到50帧，然后在摄影机视图中使用（推拉摄影机）↔和（平移摄影机）👋按钮，调整到如图9-50所示的效果。

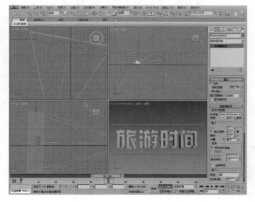

图 9-50

10 设置渲染器参数。首先将渲染器设置为 VRay渲染器，然后依次对V-Ray选项卡、GI 选项卡、设置选项卡进行参数设置，如图 9-51~图9-54所示。

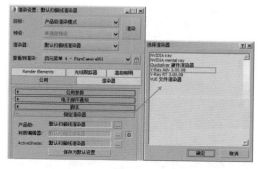

图 9-51

图 9-52

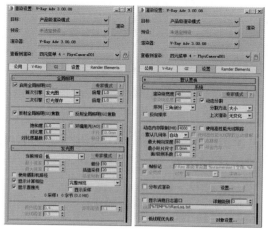

图 9-53　　　　图 9-54

11 设置材质参数。单击 （材质编辑器）按 钮，单击选择一个材质球，设置材质类型为 VRayMtl材质，设置【漫反射】为绿色、【反 射】为白色，勾选【菲涅尔反射】选项，如图 9-55所示。

图 9-55

12 创建灯光。使用【VR-太阳】工具在视图 中创建光源，设置【强度倍增】为0.05，【大 小倍增】为10，【阴影细分】为15，如图 9-56所示。

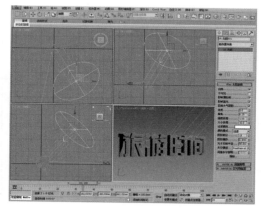

图 9-56

13 最后打开渲染设置，单击进入【公用】选项 卡，设置【时间输出】为【活动时间段】。单 击【渲染输出】中的【文件】按钮，并设置 【保存在】、【文件名】、【保存类型】属 性，如图9-57所示。

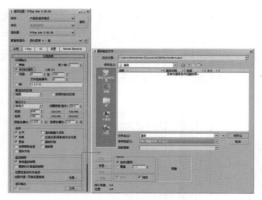

图 9-57

14 最后单击 （渲染）按钮，等待一段时间即可渲染完成，如图9-58所示。

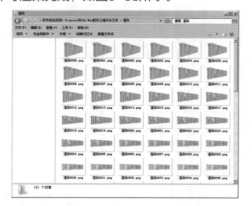

图 9-58

15 打开Premiere软件，进入【项目】窗口。然后在弹出的【导入】对话框中，单击选择第一个图片，并勾选【图形序列】选项，最后单击【打开】按钮，如图9-59所示。

图 9-59

16 单击将刚才导入的【渲染0000.png】序列片段，拖曳到【时间轴】窗口中的V2轨道中。此时按下小键盘的Enter键，即可完成预览，如图9-60所示。

图 9-60

17 将素材01.jpg导入到【项目】窗口中，并拖曳到【时间轴】窗口的V1轨道上，如图9-61所示。

图 9-61

18 单击 （剃刀）工具或按C键，在视频轨道上单击鼠标左键，如图9-62所示。

图 9-62

19 单击选择 （选择）工具，单击选择素材的后半部分。按Delete键删除选中的素材，如图9-63所示。

图 9-63

20 最终动画效果，如图9-64所示。

图 9-64

9.6 拓展练习：Photoshop 与 Premiere 结合制作儿童相册

实例类型：儿童相册
难易程度：★★★
实例思路：导入素材，依次为素材设置位置的关键帧动画

导入素材，如图 9-65 所示。为视频轨道 V2 上的素材设置关键帧动画，如图 9-66 所示。

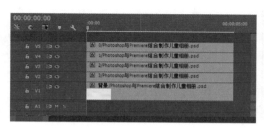

图 9-65

图 9-66

同样继续制作完成其他动画。

第 10 章

综合设计：综合实例

本章学习要点：
- 短片设计
- 电子相册设计
- 广告设计

10.1 结婚纪念短片

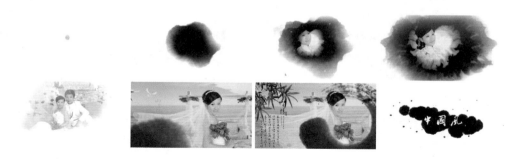

实例类型：	结婚纪念短片
难易程度：	★★★★
实例思路：	导入不同素材到不同轨道，设置关键帧和文字

01 打开Premiere软件，单击【新建项目】按钮，如图10-1所示。最后单击【确定】按钮，如图10-2所示。

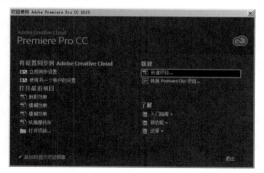

图 10-1

图 10-2

02 双击【项目】窗口，并将素材01.jpg、02.jpg、03.jpg、04.jpg、05.jpg、06.jpg、01.mov、02.mov、03.mov、04.mov、【水滴下落.mov】导入进该窗口，如图10-3所示。

图 10-3

03 在【项目】窗口中单击右键，执行【新建项目】|【颜色遮罩】命令，如图10-4所示。并在弹出的窗口中单击【确定】按钮，如图10-5所示。

图 10-4

图 10-5

04 将颜色设置为白色，如图10-6所示。最后设置名称为【颜色遮罩】，并单击【确定】按钮，如图10-7所示。

图 10-6

图 10-7

05 将【项目】窗口的【颜色遮罩】拖曳到视频轨道V1中，如图10-8所示。

图 10-8

06 将素材【水滴下落.mov】拖曳到视频轨道V3中，如图10-9所示。

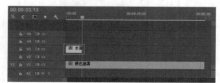

图 10-9

07 选择素材【水滴下落.mov】，将时间线拖曳到0帧，单击【位置】属性前方的 ⏱ （切换动画）按钮，并设置数值为960和29。单击【缩放】属性前方的 ⏱ （切换动画）按钮，并设置数值为15。最后设置【混合模式】为【相乘】，如图10-10所示。

08 将时间线拖曳到2秒，设置【位置】为960和468，设置【缩放】为35。单击【不透明度】属性前方的（切换动画）⏱ 按钮，并设置数值为100，如图10-11所示。

图 10-10   图 10-11

09 将时间线拖曳到3秒13帧，设置【不透明度】为0，如图10-12所示。

图 10-12

10 将素材01.mov拖曳到视频轨道V2中，起始时间设置为2秒，结束时间设置为8秒21帧，如图10-13所示。

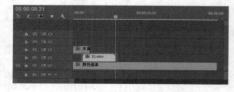

图 10-13

11 拖曳时间线，效果如图10-14所示。

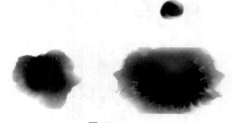

图 10-14

12 将素材02.mov拖曳到视频轨道V5中，如图10-15所示。

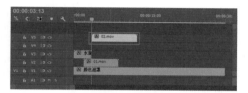

图 10-15

13 将素材01.jpg拖曳到视频轨道V4中，如图10-16所示。

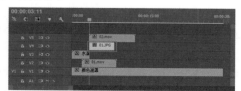

图 10-16

14 选择素材01.jpg，并添加【轨道遮罩键】效果，并设置【遮罩】为【视频5】，【合成方式】为【亮度遮罩】，勾选【反向】选项，如图10-17所示。

图 10-17

15 拖曳时间线，效果如图10-18所示。

图 10-18

16 选择素材01.mov，单击右键选择【速度/持续时间】命令，如图10-19所示。

图 10-19

17 设置【速度】为70，如图10-20所示。

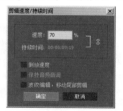

图 10-20

18 拖拽素材01.jpg的后方边界，使该素材与素材01.mov对齐，如图10-21所示。

图 10-21

19 将时间线拖曳到11秒19帧，使用 （剃刀）工具，并单击进行切割，如图10-22所示。

图 10-22

20 使用 （选择）工具，选择被切割后的素材，如图10-23所示。

图 10-23

21 按键盘上的Delete键将其删除，如图10-24所示。

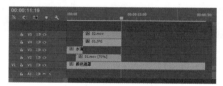

图 10-24

22 将素材02.jpg和03.mov拖曳到V4和V5轨道中，如图10-25所示。

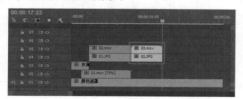

图 10-25

23 选择素材02.jpg，并添加【轨道遮罩键】效果，并设置【遮罩】为【视频5】，【合成方式】为【亮度遮罩】，勾选【反向】选项，如图10-26所示。

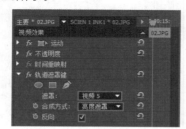

图 10-26

24 将素材04.mov拖曳到V4轨道中，如图10-27所示。

图 10-27

25 将素材03.jpg拖曳到V5轨道中，如图10-28所示。

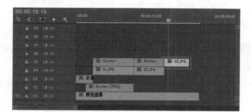

图 10-28

26 将素材04.jpg拖曳到V6轨道中，如图10-29所示。

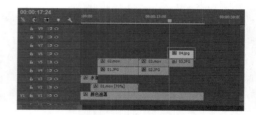

图 10-29

27 选择素材04.jpg，将时间线拖曳到17秒24帧，单击【位置】属性前方的 🕐（切换动画）按钮，并设置【位置】为-240和180。设置【缩放】为80，【混合模式】为【变暗】，如图10-30所示。

28 将时间线拖曳到22秒23帧，设置【位置】为476和180。设置【缩放】为80，如图10-31所示。

图 10-30   图 10-31

29 将素材05.jpg拖曳到V7轨道中，如图10-32所示。

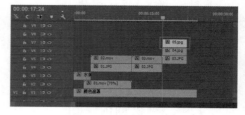

图 10-32

30 选择素材05.jpg，将时间线拖曳到17秒24帧，单击【缩放】属性前方的 🕐（切换动画）按钮，并设置【缩放】为150。设置【位置】为1292和540，【混合模式】为【相乘】，如图10-33所示。

31 将时间线拖曳到22秒23帧，设置【缩放】为50，如图10-34所示。

图 10-33　　　　　　图 10-34

32 将素材06.jpg拖曳到V7轨道中，如图10-35所示。

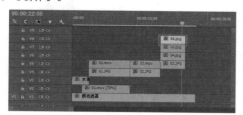

图 10-35

33 选择素材06.jpg，将时间线拖曳到17秒24帧，单击【不透明度】属性前方的 ⏱ （切换动画）按钮，并设置【不透明度】为0。设置【位置】为278和691，【缩放】为50，【混合模式】为【变暗】，如图10-36所示。

34 将时间线拖曳到22秒23帧，设置设置【不透明度】为100，如图10-37所示。

图 10-36　　　　　　图 10-37

35 将素材04.mov拖曳到V4轨道中，如图10-38所示。

36 选择素材04.mov，将时间线拖曳到22秒24帧，单击【缩放】属性前方的 ⏱ （切换动画）按钮，并设置数值为100。设置【位置】为960和540，如图10-39所示。

37 将时间线拖曳到25秒01帧，设置【缩放】

为150，如图10-40所示。

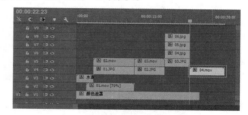

图 10-38

图 10-39　　　　　　图 10-40

38 在菜单栏中执行【字幕】|【新建字幕】|【默认静态字幕】命令，如图10-41所示。在弹出的对话框中单击【确定】按钮，如图10-42所示。

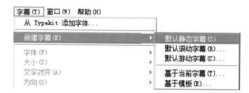

图 10-41

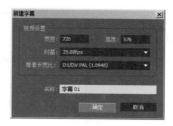

图 10-42

39 此时即可选择 Ⓣ （文字）工具，并输入文字。接着在右侧设置【字体系列】、【字体样式】，如图10-43所示。

40 文字设置完成后，可将当前窗口关闭。然后将【项目】窗口中的【字幕01】拖曳到视频轨道V5中，并将其与素材04.mov对齐，如图10-44所示。

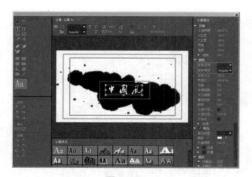

图 10-43

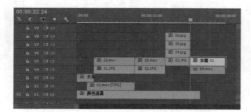

图 10-44

41 选择【字幕01】，将时间线拖曳到22秒24帧，单击【缩放】属性前方的 ⏱（切换动画）按钮，并设置数值为100，如图10-45所示。

42 将时间线拖曳到30秒01帧，设置【缩放】为150，如图10-46所示。

图 10-45　　　　图 10-46

43 最终效果，如图10-47所示。

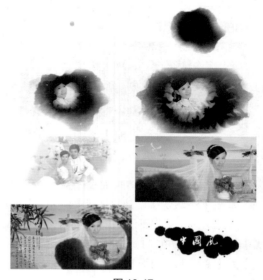

图 10-47

10.2 创意实验短片

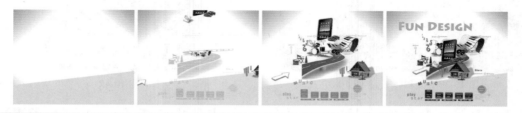

实例类型：动画短片
难易程度：★★★
实例思路：导入素材，设置关键帧动画

01 打开Premiere软件，然后单击【新建项目】按钮，如图10-48所示。最后单击【确定】按钮，如图10-49所示。

02 双击【项目】窗口，并将素材01.jpg、02.png、03.png、04.png、05.png、06.png、07.png导入该窗口，如图10-50所示。

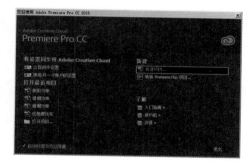

图 10-48

图 10-49

图 10-50

03 将素材01.jpg拖曳到视频轨道V1中，如图10-51所示。

图 10-51

04 在菜单栏中执行【字幕】|【新建字幕】|

【默认静态字幕】命令，如图10-52所示。在弹出的对话框中单击【确定】按钮，如图10-53所示。

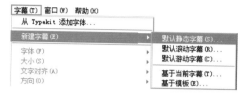

图 10-52

图 10-53

05 此时即可选择▨（矩形）工具，并绘制矩形。接着在右侧设置【X位置】、【Y位置】、【旋转】等参数，如图10-54所示。

图 10-54

06 设置完成后，可将当前窗口关闭。然后将此时【项目】窗口中的【字幕02】拖曳到视频轨道V2中，如图10-55所示。

图 10-55

07 此时的效果，如图10-56所示。

图 10-56

08 将素材02.png拖曳到视频轨道V3中，如图
10-57所示。

图 10-57

09 选择素材02.png，将时间线拖曳到0秒，单
击【不透明度】属性前方的 （切换动画）按
钮，并设置数值为0。接着设置【位置】为500
和404，如图10-58所示。

图 10-58

10 将时间线拖曳到2秒，设置【不透明度】为
100，如图10-59所示。

图 10-59

11 将素材03.png拖曳到视频轨道V4中，如图
10-60所示。

图 10-60

12 选择素材03.png，将时间线拖曳到0秒，单
击【缩放】属性前方的 （切换动画）按钮，
并设置数值为0。接着设置【位置】为500和
404，如图10-61所示。

图 10-61

13 将时间线拖曳到3秒，设置【缩放】为
100，如图10-62所示。

图 10-62

14 将素材04.png拖曳到视频轨道V5中，如图
10-63所示。

图 10-63

15 选择素材04.png，将时间线拖曳到0秒，单
击【位置】属性前方的 （切换动画）按钮，
并设置数值为500和-82，如图10-64所示。

图 10-64

16 将时间线拖曳到3秒，设置【缩放】为500和404，如图10-65所示。

图 10-65

17 将素材05.png拖曳到视频轨道V6中，如图10-66所示。

图 10-66

18 选择素材05png，将时间线拖曳到0秒，单击【位置】属性前方的 （切换动画）按钮，并设置数值为1073和404，如图10-67所示。

图 10-67

19 将时间线拖曳到第3秒，设置【缩放】为500和404，如图10-68所示。

20 将素材06.png拖曳到视频轨道V7中，如图10-69所示。

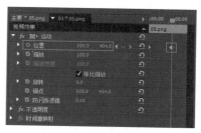

图 10-68

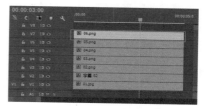

图 10-69

21 选择素材06.png，将时间线拖曳到0秒，单击【不透明度】属性前方的 （切换动画）按钮，并设置数值为0。接着设置【位置】为500和404，如图10-70所示。

图 10-70

22 将时间线拖曳到3秒，设置【不透明度】为100，如图10-71所示。

23 将素材07.png拖曳到视频轨道V8中，如图10-72所示。

图 10-71

图 10-72

24 选择素材07.png，将时间线拖曳到0秒，单击【位置】属性前方的 ⏱ （切换动画）按钮，并设置数值为122和565，如图10-73所示。

图 10-73

25 将时间线拖曳到3秒，设置【位置】为500和404，如图10-74所示。

图 10-74

26 在菜单栏中执行【字幕】|【新建字幕】|【默认静态字幕】命令，如图10-75所示。在弹出的窗口中单击【确定】按钮，如图10-76所示。

图 10-75

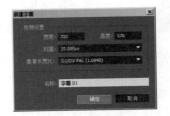

图 10-76

27 此时即可选择 T （文字）工具，并输入文字。接着在右侧设置【字体系列】、【字体样式】等参数，如图10-77所示。

图 10-77

28 文字设置完成后，可将当前窗口关闭。然后将【项目】窗口中的【字幕01】拖曳到视频轨道V9中，如图10-78所示。

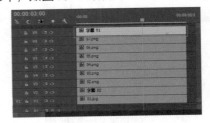

图 10-78

29 选择【字幕01】，将时间线拖曳到0秒，单击【缩放】属性前方的 ⏱ （切换动画）按钮，并设置数值为500。接着设置【位置】为500和404，如图10-79所示。

30 将时间线拖曳到3秒，设置【缩放】为100，如图10-80所示。

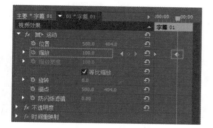

图 10-79

图 10-80

31 最终效果，如图10-81所示。

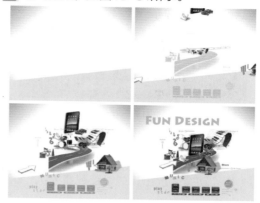

图 10-81

10.3 儿童摄影电子相册

实例类型：儿童相册
难易程度：★★★★
实例思路：应用高斯模糊效果、拆分转场效果，创建默认静态字幕

01 打开Premiere软件，然后单击【新建项目】按钮，如图10-82所示。最后单击【确定】按钮，如图10-83所示。

02 双击【项目】窗口，并将素材01.jpg、02.jpg、03.png、04.png、05.png、06.png导入该窗口，如图10-84所示。

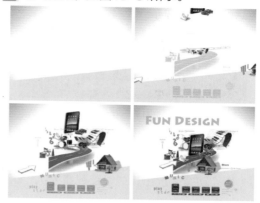

图 10-82

图 10-83

图 10-84

03 将素材01.jpg和02.jpg拖曳到视频轨道V1中，如图10-85所示。

图 10-85

04 为素材02.jpg添加【高斯模糊】效果。将时间线拖曳到第5秒，单击【模糊度】属性前方的 （切换动画）按钮，并设置数值为0，如图10-86所示。

图 10-86

05 将时间线拖曳到9秒，设置数值为100，如图10-87所示。

图 10-87

06 拖曳时间线，效果如图10-88所示。

图 10-88

07 在素材01.jpg和02.jpg之间添加【拆分】转场效果，如图10-89所示。

图 10-89

08 拖曳时间线，效果如图10-90所示。

图 10-90

09 将素材05.png拖曳到V2轨道上，如图10-91所示。

图 10-91

10 选择素材05.png，并设置【位置】为2901和2562，设置【缩放】为118，如图10-92所示。

图 10-92

11 将素材04.png拖曳到V3轨道上，如图10-93所示。

图 10-93

12 选择素材04.png，并设置【位置】为1579和859，设置【缩放】为95，如图10-94所示。

图 10-94

13 将素材03.png拖曳到V4轨道上，如图10-95所示。

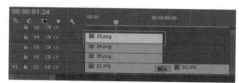

图 10-95

14 选择素材03.png，并设置【位置】为2893和536，如图10-96所示。

图 10-96

15 将素材06.png拖曳到V9轨道上，如图10-97所示。

16 选择素材06.png，并设置【位置】为2880和1920，设置【缩放】为350，如图10-98

所示。

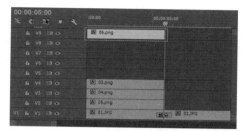

图 10-97

图 10-98

17 在菜单栏中执行【字幕】|【新建字幕】|【默认静态字幕】命令，如图10-99所示。在弹出的对话框中单击【确定】按钮，如图10-100所示。

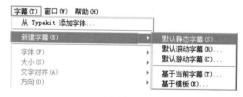

图 10-99

图 10-100

18 此时即可选择 ⬭（椭圆）工具，并绘制椭圆形。接着在右侧设置相应的参数，如图

10-101所示。

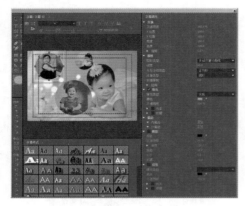

图 10-101

19 设置完成后，可将当前窗口关闭。将【项目】窗口中的【字幕02】拖曳到视频轨道V5中，如图10-102所示。

图 10-102

20 选择【字幕02】，设置【位置】为2880和1920，如图10-103所示。

图 10-103

21 在菜单栏中执行【字幕】|【新建字幕】|【默认静态字幕】命令，如图10-104所示。在弹出的对话框中单击【确定】按钮，如图10-105所示。

图 10-104

图 10-105

22 此时即可选择 ⬭ （椭圆）工具，并绘制椭圆形。接着在右侧设置相应的参数，如图10-106所示。

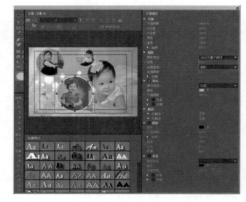

图 10-106

23 设置完成后，可将当前窗口关闭。然后将【项目】窗口中的【字幕03】拖曳到视频轨道V6中，如图10-107所示。

图 10-107

24 选择【字幕03】，设置【位置】为2880和1920，如图10-108所示。

图 10-108

25 在菜单栏中执行【字幕】|【新建字幕】|【默认静态字幕】命令，如图10-109所示。在弹出的对话框中单击【确定】按钮，如图10-110所示。

图 10-109

图 10-110

26 此时即可选择 （椭圆）工具，并绘制椭圆形。接着在右侧设置相应的参数，如图10-111所示。

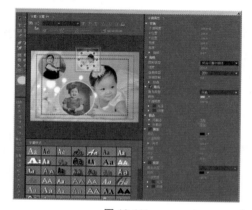

图 10-111

27 设置完成后，可将当前窗口关闭。然后将【项目】窗口中的【字幕04】拖曳到视频轨道V7中，如图10-112所示。

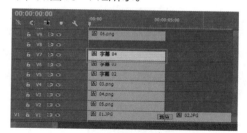

图 10-112

28 选择【字幕04】，设置【位置】为2880和1920，如图10-113所示。

图 10-113

29 在菜单栏中执行【字幕】|【新建字幕】|【默认静态字幕】命令，如图10-114所示。在弹出的对话框中单击【确定】按钮，如图10-115所示。

图 10-114

图 10-115

30 此时即可选择 （矩形）工具，并绘制矩形。接着在右侧设置相应的参数，如图10-116所示。

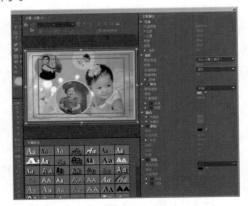

图 10-116

31 设置完成后，可将当前窗口关闭。然后将【项目】窗口中的【字幕01】拖曳到视频轨道V8中，如图10-117所示。

图 10-117

32 选择【字幕01】，设置【位置】为2880和1920，如图10-118所示。

图 10-118

33 在菜单栏中执行【字幕】|【新建字幕】|【默认静态字幕】命令，如图10-119所示。在弹出的对话框中单击【确定】按钮，如图10-120所示。

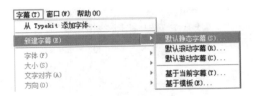

图 10-119

图 10-120

34 此时即可选择 （文字）工具，并输入文字。接着在右侧设置【字体系列】、【字体样式】等参数，如图10-121所示。

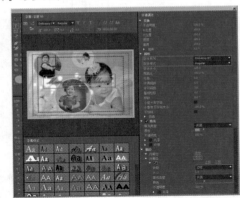

图 10-121

35 设置完成后，可将当前窗口关闭。然后将【项目】窗口中的【字幕05】拖曳到视频轨道V10中，如图10-122所示。

图 10-122

36 选择【字幕05】，将时间线拖曳到第5秒，单击【不透明度】属性前方的 ⏱ （切换动画）按钮，并设置数值为0，如图10-123所示。

37 将时间线拖曳到9秒，设置【不透明度】数值为100。最后设置【位置】为2880和1920，如图10-124所示。

图 10-123　　　　图 10-124

38 最终效果，如图10-125所示。

图 10-125

10.4　女装促销广告

实例类型：广告动画
难易程度：★★★★★
实例思路：创建默认静态字幕、使用关键帧动画

01 打开Premiere软件，然后单击【新建项目】按钮，如图10-126所示。最后单击【确定】按钮，如图10-127所示。

02 双击【项目】窗口，并将素材01.jpg、02.png、03.png、04.png、05.png、06.png、07.png、08.png导入该窗口，如图10-128所示。

图 10-126

图 10-127

图 10-128

03 将素材01.jpg、02.png、03.png、04.png、05.png、06.png、07.png、08.png拖曳到视频轨道中，如图10-129所示。

图 10-129

04 此时的效果，如图10-130所示。

图 10-130

05 在菜单栏中执行【字幕】|【新建字幕】|【默认静态字幕】命令，如图10-131所示。在弹出的对话框中命名为【字幕01】，最后单击【确定】按钮，如图10-132所示。

图 10-131

图 10-132

06 此时即可选择 ▢ （矩形）工具，并绘制矩形。接着在右侧设置相应的参数，如图10-133所示。

图 10-133

07 设置完成后，可将当前窗口关闭。然后将此时【项目】窗口中的【字幕01】拖曳到视频轨道V8中，如图10-134所示。

图 10-134

08 在菜单栏中执行【字幕】|【新建字幕】|【默认静态字幕】命令，如图10-135所示。在弹出的对话框中命名为【字幕02】，最后单击【确定】按钮，如图10-136所示。

图 10-135

图 10-136

图 10-140

09 此时即可选择█（圆角矩形）工具，并绘制圆角矩形。接着在右侧设置相应的参数，如图10-137所示。

12 此时即可选择█（文字）工具，并输入文字。接着在右侧设置【字体系列】、【字体样式】等参数，如图10-141所示。

图 10-137

图 10-141

10 设置完成后，可将当前窗口关闭。然后将此时【项目】窗口中的【字幕02】拖曳到视频轨道V9中，如图10-138所示。

13 设置完成后，可将当前窗口关闭。然后将此时【项目】窗口中的【字幕03】拖曳到视频轨道V11中，如图10-142所示。

图 10-138

图 10-142

11 在菜单栏中执行【字幕】|【新建字幕】|【默认静态字幕】命令，如图10-139所示。在弹出的窗口中命名为【字幕03】，最后单击【确定】按钮，如图10-140所示。

14 在菜单栏中执行【字幕】|【新建字幕】|【默认静态字幕】命令，如图10-143所示。在弹出的对话框中命名为【字幕04】，最后单击【确定】按钮，如图10-144所示。

图 10-139

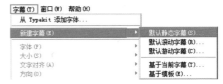

图 10-143

图 10-144

图 10-147

15 此时即可选择 **T**（文字）工具，并输入文字。接着在右侧设置【字体系列】、【字体样式】等参数，如图10-145所示。

图 10-145

16 设置完成后，可将当前窗口关闭。然后将此时【项目】窗口中的【字幕04】拖曳到视频轨道V12中，如图10-146所示。

图 10-146

17 开始制作动画。选择素材06.png、【字幕02】、【字幕03】，然后单击右键执行【嵌套】命令，如图10-147所示。为其命名，如图10-148所示。

图 10-148

18 选择视频轨道V13上的【嵌套序列01】，将时间线拖曳到0帧，单击【位置】属性前方的 ⏱（切换动画）按钮，并设置数值为324.5和474.5，如图10-149所示。

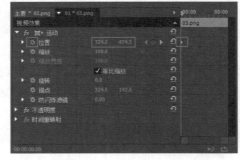

图 10-149

19 将时间线拖曳到1秒，单击【位置】属性前方的 ⏱（切换动画）按钮，并设置数值为324.5和192.5，如图10-150所示。

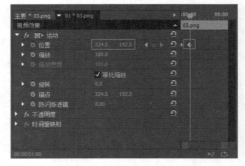

图 10-150

20 选择素材08.png，将时间线拖曳到0帧，单击【缩放】属性前方的  （切换动画）按钮，并设置数值为0，如图10-151所示。

图 10-151

21 将时间线拖曳到1秒，设置数值为150，如图10-152所示。

图 10-152

22 将时间线拖曳到2秒，设置数值为80，如图10-153所示。

图 10-153

23 将时间线拖曳到3秒，设置数值为100，如图10-154所示。

图 10-154

24 选择素材07.png，将时间线拖曳到0帧，单击【位置】属性前方的 （切换动画）按钮，并设置数值为539.5和192.5，如图 10-155 所示。

图 10-155

25 将时间线拖曳到1秒，设置数值为324.5和192.5，如图10-156所示。

图 10-156

26 选择素材05.png，将时间线拖曳到2秒，单击【位置】属性前方的 （切换动画）按钮，设置数值为675.5和192.5，如图10-157所示。

图 10-157

27 将时间线拖曳到4秒，设置数值为324.5和192.5，如图10-158所示。

28 选择素材04.png，将时间线拖曳到0帧，单击【不透明度】属性前方的 （切换动画）按钮，并设置数值为0，如图10-159所示。

图 10-158

图 10-159

29 将时间线拖曳到2秒，设置数值为100，如图10-160所示。

图 10-160

30 选择素材03.png，将时间线拖曳到0帧，单击【位置】属性前方的 ⏱ （切换动画）按钮，并设置数值为324.5和474.5，如图10-161所示。

图 10-161

31 将时间线拖曳到1秒，设置数值为324.5和192.5，如图10-162所示。

32 选择素材02.png，将时间线拖曳到第0帧，单击【位置】属性前方的 ⏱ （切换动画）按钮，并设置数值为82.5和192.5，如图10-163所示。

图 10-162

图 10-163

33 将时间线拖曳到1秒，设置数值为324.5和192.5，如图10-164所示。

图 10-164

34 最终动画效果，如图10-165所示。

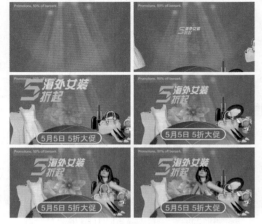

图 10-165